青少年心理成长学校

独立思考很重要

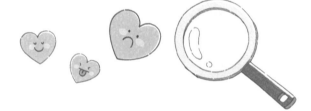

小熊故事 · 著

化学工业出版社

· 北 京 ·

内 容 简 介

　　《青少年心理成长学校　独立思考很重要》继续由金欣理带领我们深入探索心灵的奥秘。以生动的故事和深入浅出的心理学知识为孩子们提供心灵指导。本书探讨了更多日常生活中的心理问题，例如为什么周围的环境会影响我们、如何处理交友难题、如何应对网络游戏成瘾、判断新闻的真伪、面对夸奖时的压力以及如何处理悲伤情绪等。每个章节都通过一个具体的故事来展开讨论，例如小纯的故事讲述了环境对人行为的影响，小爱的故事则探讨了人际关系中的依恋问题，等等。书中还介绍了一系列涉及心理学的知识，如破窗效应、刺猬困境、重启综合征等，帮助孩子们在趣味阅读中更好地理解自己和他人，有效地应对生活中的挑战。

素材提供：安尼卡菲特公司（AnyCraft-HUB Corp.）、北京可丽可咨询中心。
Parts of the contents of this book are provided by oldstairs.

图书在版编目(CIP)数据

独立思考很重要 / 小熊故事著. -- 北京 ： 化学工
业出版社，2024．10. --（青少年心理成长学校）.
ISBN 978-7-122-46195-7

Ⅰ．B84-49

中国国家版本馆CIP数据核字第2024J3F824号

特约策划：东十二　　　　　　　　　文字编辑：李锦侠
责任编辑：丰　华　李　娜　　　　　内文排版：盟诺文化
责任校对：刘　一　　　　　　　　　封面设计：子鹏语衣

出版发行：化学工业出版社（北京市东城区青年湖南街13号　邮政编码100011）
印　　装：北京宝隆世纪印刷有限公司
710mm×1000mm　1/16　印张13　字数500千字　2025年1月北京第1版第1次印刷

购书咨询：010-64518888　　　　　售后服务：010-64518899
网　　址：http://www.cip.com.cn

凡购买本书，如有缺损质量问题，本社销售中心负责调换。

定　　价：49.80元

前言

　　你有没有想过，我们的内心是一个充满奇奇怪怪的问题和秘密的宝箱？其实，每个人的心里都住着各种各样的小人儿，他们有时候开心，有时候难过，有时候还会感到困惑或恐惧。比如，当你在学校遇到一些难题，或者和朋友发生了争执时，心里的小人儿可能就会感到不安。

　　《青少年心理成长学校　独立思考很重要》这本书，就像是一把打开心灵宝箱的钥匙。在这本书里，你会了解发生在小纯、小爱、皮皮、小影和小雪他们身上的故事。他们就像你我一样，有时候也会遇到困难和问题。通过他们的故事，我们可以学到如何更好地了解自己的内心，处理和朋友之间的关系，以及如何勇敢面对生活中的小挑战。

　　这本书不需要从头到尾一口气读完。你可以像挑选糖果一样，找到你最感兴趣的那部分开始阅读。每个故事都像是一个小迷宫，里面藏着关于勇气、友情和成长的秘密。当你读完这些故事后，可能会发现自己已经学会了新的方式去解决问题，或是对自己和周围的世界有了更深的理解。

　　那么，准备好了吗？让我们一起打开这本神奇的书，开始一段探索自我、解决问题的冒险之旅吧！每翻开一页，都可能是一个全新的发现，让我们的心灵变得更加强大和明亮。

目录

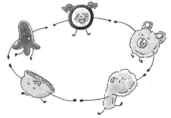

第四章

小影的故事

你会辨别虚假新闻吗 / 100

金欣理的心理咨询室

第五章

小雪和灿灿的故事

为什么被夸奖会觉得 有压力 / 130

金欣理的心理咨询室

第六章

英子的故事

被自己的情绪包裹住时 该怎么做 / 164

金欣理的心理咨询室

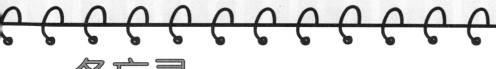

·备忘录·

如果想确定一个事件或传闻的真假，我们应该怎么做？

第一章
为什么周围的环境会影响我们呢

小纯的故事

　　闹哄哄的孩子们一股脑地从教室里冲了出来，惠源也被人流裹挟着来到了走廊，四处张望着。她看见远处早早下了课的朋友在冲她挥手。那只手就像是大海里的浮标——就在惠源向着那"浮标"靠近的时候，秀珍和妍书不知道从哪里凑了过来，一边一个挎住了惠源的胳膊。

"欸，是你们俩啊，我昨天领到零花钱了，咱们要不要去吃炒年糕啊？"

"真的假的？惠源你要请客吗？"

"嗯，那当然！"

"太好了，正好午饭没怎么吃饱。"

走廊变得像菜市场一样乱哄哄的。有没有要去公园的？还没放学呢，你要去哪儿？谁看到我的笔袋了？各种噪声像弹力球一样，不知道下一次会弹到什么地方去。就在几个小伙伴聚在一起说话的时候，惠源感觉少了点什么，看了看周围。

"欸？小纯去哪儿了？"

小纯、惠源、妍书和秀珍是学校里的"四剑客"。她们从小学一年级开始就认识了，到现在一直都是好朋友。尽管大多数时间大家都不在同一个班，但她们之间有个约定，那就是每天放学后都要一起回家。这学期惠源的班级放学时间最晚，她们就约好放学后在惠源的班级门口见。可是今天唯独不见了小纯的身影。

"啊，对了！小纯今天值日，她说要晚点才能出来。"

妍书"啪"地拍了一下自己的脑门说道。本打算下楼的三个人立马转头走向了小纯的班级。

放学后的教室里冷冷清清的。惠源打开了窗户，三个人把头探了进去。

小纯听到有人在叫自己，把头转了过去。她看见窗户外面的这几个姐妹，脸上露出了开心的笑容，赶忙跑到了窗边。

"你们这么早就放学啦？"
"嗯，刚刚就放了。你还要多久？"

惠源还没来得及把话说完，妍书就打断了她的话。

"惠源领了零花钱，今天要请大家吃炒年糕呢！"
"什么？真的假的？我太爱炒年糕了！"

学校后门旁边的"精品炒年糕"小店是她们四个人的大本营。10块钱就能吃到超大份的炒年糕，还送鱼饼汤和煎饺。小纯好久没有去这家店吃了。不过，小纯咽了咽口水，目光突然暗了下来。

"可是……我今天好像去不了了。"

其他三个人听到小纯这么说，表情瞬间凝固。一向爱吃炒年糕的小纯这是怎么了？妍书忍不住追问原因，只听小纯深深地叹了口气，说道：

"我这周值日，垃圾还没扔呢……"

听到小纯的话，妍书噘起了嘴。赠送的两只煎饺每次都会被准确地切分成四块，这样每人都能吃到同样大小的煎饺。在四剑客的世界里，有人缺席永远都是让人头疼的事情。

"扔垃圾的事情一会儿不就做完了吗？"
"我也是这样想的……"

5

为了回答妍书的疑问，小纯指了指旁边。三个人便在窗外用力伸着脖子往教室里看，看到教室里的景象后不由得张大了嘴巴——垃圾早就从已经填满的垃圾桶里溢了出来，地上的垃圾堆得像小山一样。

　　"看到了吧？整理完这些肯定需要很长时间。不用管我了，你们去吃吧。"

　　"那可不行，哪能只有我们三个去啊！"

　　"稍微打扫一下垃圾桶就走吧，反正还会脏的。"

　　"就是，就是。反正大家也看不出来！"

　　秀珍也点了点头，表示赞同。小纯看到秀珍点了头，心里也动摇了一下。就像妍书说的，只打扫垃圾桶好像也不是不可以。确实开学以来，垃圾桶一直都是那样的状态。

而且，到了明天还是会变成现在这个样子，我们再怎么认真打扫也是白费力气。不过，看着这么乱的教室袖手旁观，还是有一些过意不去。就在小纯纠结的时候，惠源说道：

　　"算了，老师安排的事情怎么能不好好完成呢？要不然我们来帮你吧！大家一起做的话估计很快就能做完了。"

　　小纯刚要说谢谢，却硬生生地咽了回去。因为她看到秀珍的表情很是为难。

　　"那个……我好像不行。我吃完饭还要去兴趣班……"

要是能和大家一起打扫就好了。打扫得快不说，大家一起聊着天，也不会觉得无聊。虽说如此，但小纯也不可能勉强自己的朋友。因为小纯并没有这样的权力。最终，她还是打消了这个念头。有这纠结的时间，不如早点开始打扫教室。

　　"没关系，我知道大家都忙，你们赶紧走吧。我自己慢慢做就好了。"

　　小纯努力挤出笑容来——惠源看在眼里很不是滋味。她想留下来帮助小纯，可是已经答应了请秀珍和妍书吃炒年糕，也不好反悔。

　　最后，从来都是四个人一起去的"精品炒年糕"小店，这次只能有三位顾客了。煎饺的分法也得跟着发生改变。唉，只好如此了，惠源无奈地摇了摇头。

　　"那，小纯，明天见。"
　　"嗯，吃得开心哦！"

叽叽喳喳的朋友们走了，教室里安静得让小纯透不过气来。她盯着垃圾桶盯了好一会儿，深深地叹了口气。看这垃圾桶里的垃圾，估计要扔个三四趟了。

　　"啊……这可怎么办，这要打扫到什么时候啊？"

　　虽然刚刚和朋友们自信地说自己一个人一会儿就能打扫完，但是小纯此刻却没有一点头绪。从教室到垃圾场往返一次最少要 10 分钟，往返 4 次，那就是 40 分钟。要是有朋友帮忙的话，用不了多久就能做完……小纯不愿意面对眼前过于残酷的现实，一遍又一遍地想象着"如果有朋友帮忙的话……"。

　　小纯毅然决然地站到了垃圾桶前。如果要减少往返垃圾场的次数，那么就要一次尽量多装一些垃圾。她把脚伸进了垃圾桶，占空间的纸箱和废纸在她的脚下迅速被踩扁。可就在这时，

　　"啊，这是什么？"

　　穿了拖鞋的小纯看到袜子被染成了橙色。她把脚收了回来，看到垃圾桶里橙黄色的液体正在迅速地打湿卫生纸。不用说，肯定是有谁把没喝完的饮料直接扔进了垃圾桶。小纯低头看了看湿漉漉的脚尖，心里涌上一股烦躁的情绪。

"到底是谁扔的啊？这人怎么不做好垃圾分类啊？"

"就是就是。"

小纯听到身后有人在搭腔，回头看到欣理还在座位上。欣理慵懒地打了个哈欠，看到小纯也在看着自己，便冲她笑了笑。她是从什么时候开始坐在这里的？小纯惊讶地开口问欣理：

"嗯？是你？欣理你怎么还没回家？"

哈欠~

欣理举着两只胳膊，伸了个懒腰。看见欣理不紧不慢的样子，小纯也没那么着急了。

"我睡得都不知道已经放学了呢？也没人叫我，大家都走了。"

"睡到现在才醒啊？要我说你也挺厉害的。"

小纯的视线再次停留在了垃圾桶上。哎呀，现在可不是和欣理闲聊的时候啊。本该争分夺秒地做扫除的，但是看到湿哒哒的袜子和堆成小山的垃圾，这个想法也不知飞到哪里去了。小纯把手伸进垃圾桶，把变形的饮料盒拎了出来。塑料吸管还插在盒上，正在一股一股地往外涌出橙黄色的液体。

小纯拔出了吸管，扔进了标有"塑料制品"的垃圾桶里。然后扯了一段卫生纸，开始擦拭自己的手和教室的地砖。小纯强忍住阵阵恶心，可胃里还是好像有什么东西在翻涌着。她把手里的卫生纸团了起来扔进了垃圾桶，叹了口气。

欣理，你说人的本性是善还是恶啊？

听到这个问题，困得不行的欣理马上来了精神——眼睛滴溜溜地转着，在暗暗的教室里直放光。

"嗯？为什么这么问？"

"就是……突然想到了。垃圾桶明明就在旁边，可就是要故意扔到地上，也不做垃圾分类，随手就扔了。你说他们是不是太坏了？"

平时小纯也这样想过。因为总是有几个同学不守规矩。

他们会插队，在楼梯上奔跑……这已经不算什么了。还有一些同学会欺负身边弱小的同学，还会向老师说谎。甚至有一些同学的嘴里满是脏话。明明没有人教他们，可他们自己就学会了说不好的话，做不好的事情。

"如果人性本善，那他们就不会做这些事情了。就算从旁人那里知道了这些，也不应该学着做。"
"嗯，这个烦恼还真非同小可。"

欣理斜靠在椅子上，晃着脚说道。小纯抱膝蹲坐在垃圾桶前，抬头看向欣理。

"非同小可？"

听到小纯的反问，欣理点了点头。

"没错，因为这是好几个世纪以来，哲学家们和艺术家们一直探讨的问题。"

金欣理 的心理咨询室

性善论与性恶论是什么？

性善论是孟子主张的人性本善，性恶论是荀子主张的人性本恶。直到现在，大家都还在争论不休。

人的本性是善良的呢，还是邪恶的呢？

在距今约2500年前的春秋战国时期，每天都有战争发生，国家之间的战乱无止无休。

人们为了结束这场漫长的战争，开始寻找各种方法。这时，他们遇到了这样一个问题。

"如果人本来是善良的，那么为什么要挑起战争呢？"

"啊……这就不知道了……"

"那如果人本来就是邪恶的，那么大家为什么又要追求和平呢？"

"怎么办，这我也不知道……"

面对这个大家都没有思考过的问题，人们最后分成了两派。一边相信人的本性是善良的，另一边则持反对意见。

他们唇枪舌剑，互不相让。你猜结果如何呢？

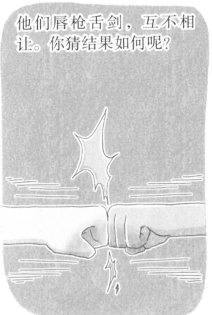

在过了约2500年后的今天，也没能得出一个结论。可见这并不是一个能够轻松回答的问题。

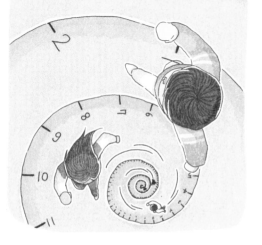

随着时间的推移，原先只被分成两派的人们这次被分成了多个派别。

在这一过程中，全新登场的理论就是"性无善恶论"。

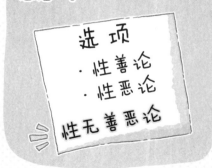

这一理论认为，人的本性并不是非善即恶，而是一张白纸，

会根据后天的环境变得善良，也会习得不好的行为。

"就像把垃圾扔在垃圾桶附近的同学那样。"

"垃圾和人的本性有什么关系呢？"

小纯歪着头问道。欣理不知道什么时候披上了一件白色外套，站到了黑板前面。小纯盯着黑板——那上面贴着几张照片。欣理用长长的杆子指了指干净垃圾桶的照片。

"如果垃圾桶周围非常干净，就不容易把垃圾扔到地上了。因为大家一眼就能看出来我做了不好的事情。"

欣理说完，又指了指脏乱不堪的垃圾桶的照片。

"不过，要是已经有人把环境搞脏了，是不是就不一样了？会觉得'已经有这么多垃圾了，不少我这一个吧'。垃圾桶周围的垃圾已经堆成了山，再扔垃圾也不会有太多的负罪感，这样想便更容易做出不好的行为。"

欣理的话有一些道理。小纯想起了几个月前发生的相似的经历。

　　"想了一下，我也有过这样的时候。在图书馆看完书准备出来的时候，看到书架很乱。所以我也没有把书放回原位，而是直接堆在了上面。其实我也没想要把图书馆搞乱。"
　　"是呀，对这种小事放任不管，最后小事就会变成大问题。"

　　欣理转动起手中的杆子，突然手里一滑，杆子飞到了窗外，只听见"哐啷"一声。欣理和小纯躲在窗帘后面，观察着窗外。她们看到体育老师气冲冲地喊道：

　　"是谁朝窗外扔东西了？"

　　发觉大事不好的欣理"哎哟"一声，小声继续说道：

　　"这种现象就叫'破窗效应'。"
　　"破窗？"

金欣理的心理咨询室

破窗效应是什么？

　　是指在一个环境中，如果存在小规模的破坏或不良行为，且没有得到及时的修复或处理，将会导致更多的破坏和不良行为的发生。强调的是环境的状况对人们行为的影响。

这个实验是美国的心理学家菲利普·津巴多进行的。

津巴多对人的本性十分感兴趣，并做了一项实验。

让我来看看更靠近哪一边。

善　恶

本性

他把两台状况相同的车分别放在一个治安好的地区和一个治安不好的地区。

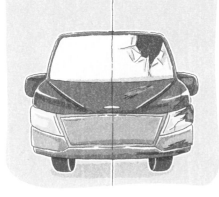

一段时间后观察实验结果。

星期一　星期二　星期三

在治安不好的地区，车很快就被破坏了；而治安好的地区，车依然是完好的。然后，津巴多故意破坏了这辆车的玻璃。之后，这辆车受到了更多的破坏。

大家都以为这是被遗弃的车，就这样，它成为了大家犯罪的对象。

这车应该是遇到了强盗吧？不管了，先把这些东西卖给回收站吧！

津巴多通过这项"破窗实验"，了解了环境的状况对人类行为的影响。

这可真是太令人意外了。

破窗效应的概念最初是由威尔逊和凯林提出的，但这个理论受到了津巴多早期实验的影响。

需要注意的是，人们经常将破窗效应与津巴多的另一项研究混淆，那就是路西法效应。天使路西法因背叛被驱逐出天国，堕落成恶魔。因此，"路西法"就成了堕落的代名词。

所以，"路西法效应"指的是在特定的情境下，普通人可能会展现出邪恶的一面或做出不道德的行为。

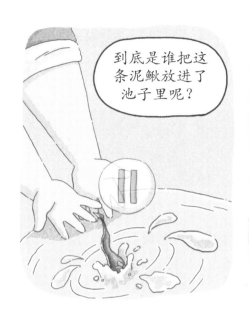

到底是谁把这条泥鳅放进了池子里呢？

泥鳅为什么会把池子搅混呢？

我身上没有鳞片，所以只能这样游泳！

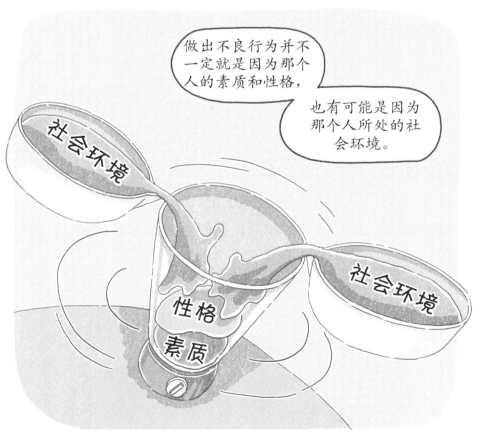

做出不良行为并不一定就是因为那个人的素质和性格，

也有可能是因为那个人所处的社会环境。

小纯想起了美术课上的场景。肮脏的涮笔筒里是调不出好看的颜色的。就像被吸进黑洞的星星一样，脏水会一直脏下去，不会变得五彩斑斓。

"我以为是因为我们班上的同学，垃圾桶周围才变得脏乱不堪……原来也不一定是因为他们。"

小纯转身向后看去——她看到垃圾桶上方好像少了点什么。要是垃圾桶上面有"那个"的话……

"我想大家可能误以为可以随意扔垃圾，因为我们班垃圾桶周围没有贴任何警示语。"
"有道理。所以不一定是个人素质的问题，人有时也会受到环境的影响。"

欣理像是电影里的主角一样，用十分真挚的声音说道。人会受到环境的影响？小纯把这句话反复思考了好几遍。仿佛在说"教室里已经这么脏了，再乱一些也没关系"。就像这样，大脑里的声音会让我们做出不好的行为。

"如果小纯你没有留下来打扫垃圾桶，而是去吃炒年糕了，那会发生什么事情呢？"

听到欣理的提问，小纯想了一会儿说道：

"嗯……可能教室就会变成垃圾场吧？大家肯定会以为随意扔垃圾也没关系。"

小纯想象了一下那个场面——本来就脏乱不堪的教室彻底变成了垃圾场。擦过鼻涕的卫生纸、空的饼干包装袋、剩了一口的饮料瓶……都躺在教室的地面上，而不是在垃圾桶里。大家都因为臭气熏天的味道皱着眉头，可是没有一个人愿意站出来打扫教室。因为大家都默认教室已经脏乱成这个样子了，那么再多一个垃圾也不会有什么问题。

"那么，把教室打扫干净的话会发生什么事情呢？你想过吗？"

小纯用力擦掉之前脑海里的画面，开始想象新的场景。她看到大家坐在干净整洁的教室里，脸上满是愉悦的表情。这时，要是有人随手往地上扔垃圾的话……

"大家应该会注意保持卫生的。因为如果有人随意扔垃圾的话，大家马上就会知道是谁做的。"

金欣理的心理咨询室

环境会给犯罪的发生带来什么影响？

环境会给人的行为带来各种影响。实际上，相比于冬天，犯罪往往更多地发生在夏天；相比于白天，犯罪多发生在夜晚；相比于整洁的场所，犯罪多发生在脏乱的地方。

纽约就发生过类似的事情。

在20世纪90年代，纽约的犯罪率非常高。

为了把纽约打造成宜居的城市，政府采取了一系列措施，其中有一项是……

啊！没错，就是这个！

那就是把纽约地铁里的涂鸦清除掉。

我们把这些都清除掉吧。

你肯定会好奇，只是把涂鸦清除掉而已，这会有什么效果呢？

也不知道这有什么意义……有这时间还不如去多抓一个罪犯呢……

虽然当时也有不少人是这样想的，但是随着环境变得整洁，纽约的犯罪率也下降了。

今天也能准时下班了！

不光是乱闯红灯、随地扔垃圾这种小的案件，

就放这儿，咱们走吧！都没有闯红灯的人了。

27

像抢劫、杀人这种大案子也变少了。

好奇怪……没有新的罪犯吗？

随着乱糟糟的城市景观变得干净整洁，

不准涂鸦！站在那儿不许动！

纽约逐渐给人们留下了干净有序的城市印象。

纽约真是太棒了！

当然，不法分子也不敢轻举妄动了。

呜呜……这样一来我就没办法行动了。

因此，不要以为不起眼的小事情就可以放任不管哦！

嗯……这么小的一块儿涂鸦应该没什么吧。

小问题也会变成巨大的危机。

怎么变这么多了？

我们都知道1加1等于2，但由于破窗效应，计算方式也会变得不一样。

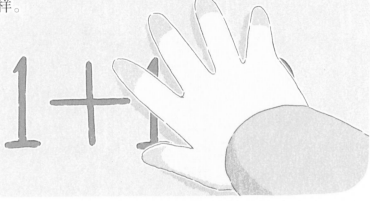

100减去1不等于99，而是等于0。

$$100-1=0$$

意思是说，在某个角落里发生的不起眼的小事，会给整体带来灭顶之灾。

就像第一个往地上扔垃圾的人那样！

所以，要避免破窗效应，需要每个人的努力。不要随波逐流，要坚信自己的道德感和良知，果断行动。

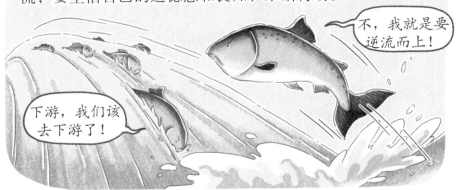

不，我就是要逆流而上！

下游，我们该去下游了！

"原来如此，我的道德感和良知……"

"教室被他们搞得这么脏，我不能和他们一样为所欲为！""没关系，我凭什么不能像其他同学那样随便？"两种声音在她的大脑里循环播放着。小纯把手放在胸前，开始仔细倾听像节拍器一样清脆响亮又左右摇摆的声音。她仔细辨别着良知的声音——就像绿草随着风向伏倒在地上，她的内心也找到了方向。

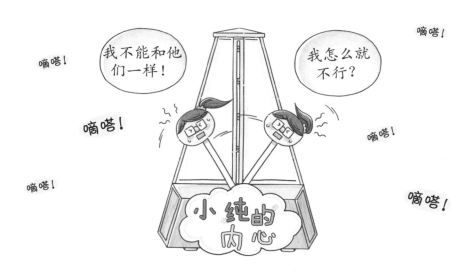

"没错，虽然有点麻烦，但是如果连我都不去做的话，我们的教室就再也干净不起来了。我要是打扫干净了，那么班上的同学也会改变他们的态度的！"

小纯攥紧拳头——如果说环境会影响人，那么就由我来给大家创造更好的环境吧。一想到自己小小的行动会给朋友们带来思想上和行为上的变化，小纯就已经开始期待了。

"我一定要把我们班改造成最干净的班级！"

欣理欣慰地看着小纯的模样，张大嘴巴打了个哈欠——明明刚清醒没多久，困意却再次袭来。今天的咨询就到这里，那么现在准备回家吧。正当欣理要去拿书包的时候，小纯一闪身挤到了她的面前。

"欣理你也会帮我的，是吧？"
"嗯？我……我？"

欣理低头看着被小纯抓住的手，没办法，只好点了点头。两人忙中有序地打扫起来。欣理负责垃圾分类，小纯负责把装得满满的垃圾袋扔到回收站里。等她们把散落在地上的垃圾清理干净，连灰尘都扫得干干净净后，教室果然焕然一新了。看到眼前整洁的教室，小纯和欣理心满意足地露出了笑容。

"我们打扫得还挺快的呢，幸好是两个人一起打扫的。"
"是呀，还以为要打扫到天黑呢。"

欣理用力伸了个懒腰，把身体彻底地舒展开来。打扫结束了，正当欣理准备要回家的时候，只见小纯摆了摆手。

“啊，等一下！还有一件事没做完。”
“什么事？”

小纯从书桌里拿出几张纸，然后用粗记号笔写着什么。欣理默默地在背后看着她。

“为了防止类似的事情再次发生，我们要防患于未然。”

小纯仔细地把纸贴在垃圾桶上，上面写着“垃圾要扔进垃圾桶里！”“请爱护我们的教室！”

"咚咚咚……"

就这样过了几个月后，有人敲响了"金欣理的心理咨询室"的门。前来的不是别人，正是小纯。

"嗯，小纯！好久不见！有什么要咨询的吗？"

欣理见到小纯立马从座位上跳了下来。小纯只是笑着，没有回答。小纯慢慢地走到欣理身边，把藏在身后的东西递到了她的面前。

"这是什么？本年度优秀学生？"

年度优秀学生只能通过同学的推荐产生。同学们都说多亏了小纯，教室才变得干净整洁，纷纷推荐她为"本年度优秀学生"。

"欣理，我当选了下学期的卫生组长，还被评为'本年度优秀学生'，这些可都要感谢你啊！"
"谢我做什么？这都是因为小纯你听从了内心的声音。"

小纯微笑着用手抚摸着"优秀学生"这几个字，又有了新的感触。她心想，环境真的能够影响一个人啊！因为"优秀学生"这四个字，小纯为了让自己名副其实，开始留意自己的一举一动。

　　"做好事真的不是一件容易的事情，不过做完后会有巨大的成就感和幸福感。我啊，以后也要听从我的内心，才不要在意别人怎么做呢。"
　　"哇，看来这次我要向你学习了。"
　　"真的吗？那今天要不要一起做扫除啊？"
　　"天呐，不行！我不要！"

　　开玩笑，开玩笑！小纯追着慌忙逃跑的欣理，整个人散发着幸福的光辉。

第二章
交朋友其实没有
那么难

小爱的故事

初夏时节，满眼都是嫩绿色和翠绿色。明媚的阳光下，茂密的枝叶向四面展开，一团又一团的云彩像是被风追赶着，不一会儿就飘到了远方。这是让人心情愉悦的一天。来郊游的孩子们聚在山坡上，每个人的脸上都挂着灿烂的笑容。

"要摆什么姿势呢？"
"这个怎么样？伸出手臂比个心。"
"啊，这个不错！那我站这里。"

孩子们用手臂组成了一个心形，等立在远处的手机结束倒计时，听到"咔嚓"一声，照片拍好了。孩子们围着手机站成一圈，看着照片里其他人的表情哈哈地笑着，又排成一个新的队形，准备摆出下一张照片的姿势。

小爱孤零零地待在远处，静静地看着其他人拍照的样子。她也想和他们一起拍照，但是没能鼓起勇气说出来。"好朋友才要一起拍照呢，你和我们又不熟！"在小爱的想象中，自己已经被拒绝很多次了。想到这些还没有在现实里发生的事情，小爱的手心里已经冒出了汗。

"……算了，我就待在这里好了。"

就这样，小爱待在原地，远远望着三五成群的同学们。不知道过了多久，班主任把孩子们叫了过来。

"现在是 12 点，大家可以和小伙伴一起吃午饭了，下午 1 点的时候在那边的树荫下集合，知道了吗？"
"知道了！"

孩子们异口同声地说道。只有小爱没有回答。孩子们纷纷走到各自选好的位置，一起在草地上铺好野餐垫，还有一些同学围坐在桌子前。这时，小爱还在山坡上徘徊着。小爱坐在长椅上——没了阳光的照射，长椅变得凉凉的。她环顾四周，看到刚才拍照的孩子们坐在了一张好看的野餐垫上。小爱知道这几个人的名字，他们是小才、英宇、贤淑和东文。

"你们带了什么？"

小才好奇地张望着。这时，贤淑拿出了一个可爱的便当。

"你们看，这是我妈妈给我带的小
熊便当！"
"哇，真的好可爱！"
"可爱吧？这可是我妈妈一大早起来给我准备的呢。"

看到小才的反应，贤淑得意地耸了耸肩膀。英宇也小
声感叹着，拿出了自己的便当盒。

"我带了炸鸡。你们知道吧？我爸爸开了家炸鸡店。"

贤淑猛地点了点头。英宇家的炸鸡真的很好吃。我能
吃一块吗？看到贤淑诚恳的眼神，英宇爽快地同意了。贤
淑用筷子夹起一块炸鸡放进了嘴里，只听得一声声酥脆的
咀嚼声，甜滋滋、辣丝丝的酱汁在嘴里弥漫开来。看到英
宇的炸鸡人气很高，东文不服气地挑起了眉毛。

"来郊游只带了这些？"
"东文，那你带了什么？"

东文翻了翻背包，拿出了像金字塔一样的便当盒。

"给你们看看"豪华三层便当"！这里面有寿司、红烧肉、意大利面和炒年糕，还有好多好多的水果！"

"哇……真的好多！我第一次见到这么丰盛的便当！"

"是吧？要是有便当大赛，我肯定能拿第一名。"

"便当大赛？听起来有点意思！"

"是呀，我们等明年办一场吧！"

便当大赛？听到他们聊天的小爱低头看了看放在膝盖上的自己的便当——那里面只有一份紫菜卷，是早晨临时买来的，小爱难过极了。和其他同学花花绿绿的便当盒相比，自己手中的紫菜卷只是用一张银色的锡纸包裹着，没有一点生气。小爱从口袋里翻出了一张黄色的便笺纸。可能是因为太着急了，那上面的字迹很是潦草。

妈妈太忙了，没能给你准备便当，对不起。给你留了钱，在楼下的便利店买一些吧。郊游快乐，女儿，妈妈爱你。

小爱把便笺扔进了黑色塑料袋里，然后把散发着香油味道的紫菜卷远远地推到了一边。孩子们的嘴里塞满了各种食物，喝的饮料有着七彩斑斓的包装。小爱往嘴里灌了两口早上老师发给大家的矿泉水，感受不到任何清凉。

小爱的妈妈总是很忙，和爸爸离婚后就更忙了。平时，晚上十点过后就能见到妈妈，可现在连周末也见不到她。妈妈总是夸她"小爱真的长大了"，可小爱一点都不喜欢这句夸奖。她还是想能多见到妈妈，哪怕是被妈妈教训也好啊。

"……我也想吃妈妈做的紫菜卷。"

小爱喝再多的水也只觉得喉咙发烫。虽然感觉肚子饿了，但还是没有任何胃口，不想吃东西。甚至开始盼着突然下一场大雨，这样就可以回家了。不过，天气可没想理会小爱的心情，现在可是阳光最灿烂的时候。这时，不知从哪里传来了歌声。

"紫菜……卷！卷着吃的紫菜卷！"

小爱一回头，看到了欣理正陶醉在自己的歌声里。她戴着耳机，闭着眼睛扭动着身体，然后站到了长椅上。

"黑色的紫菜！白色的大米！种类多多！真的好吃！我爱紫菜卷，你……嗯？"

手舞足蹈的欣理睁开眼睛，吓了小爱一跳。明明自己没有偷看她，可不知道为什么产生了一丝歉意，不知不觉低下了头。

"……啊！嗯，抱歉。我不是故意盯着你看的，我正好坐在附近，听到你在唱歌……"

"嘿嘿，该说抱歉的人是我。一想到要吃紫菜卷了，就顾不上场合，开心得跳起来了。"

欣理挠挠头，坐到了小爱的旁边。她看见了放在两人中间的黑色塑料袋，开心地笑了起来。

"欸？你也带了紫菜卷吗？我也是！"

欣理打开了自己的便当盒，里面是摆放得整整齐齐的紫菜卷。不过不知道是在家做的，还是从店里买的。欣理拿起筷子，夹起一块紫菜卷送进了嘴里。

"嗯……"

欣理的嘴里发出了清脆的声音。

"果然，郊游和紫菜卷是绝配。营养又好吃！"

欣理吃着紫菜卷，欣赏着眼前的风景。可小爱摇了摇头。

"我不喜欢吃紫菜卷。"
"什么？你觉得难吃吗？这么美味的食物，你为什么不喜欢呢？"

欣理越说越激动。

"其实也不是说紫菜卷不好吃……是我不喜欢自己一个人吃东西。"
"那去和同学们说一起吃不好吗？"

"不太好意思让他们带上我。而且他们都带了特别丰盛的便当，可我只有紫菜卷，感觉有点丢人。"

小爱的头低得不能再低了。然后小声嘟囔着：

"万一他们笑话我可怎么办……"

小爱像极了泄了气的皮球，欣理这样想着。感觉小爱下一秒就要完全瘫下去，瘫倒在地上。欣理默默地看着小爱，接着说道：

"嗯……小爱，听你说完，让我想起了一个故事。"
"……故事？什么故事？"

看到勾起了小爱的兴趣，欣理故意换了一个挑逗的语气。

"你要和我做个约定，我再告诉你。"
"什么约定？"
"就是听完故事后，要答应我一件事情，怎么样？"

如果是奇怪的要求该怎么办？不过也确实想知道欣理的故事……小爱犹豫了一会儿。欣理看出了小爱的心思，马上说了句：

"唉，不想听就算了！"

"啊，不是！我要听！"

小爱紧紧地抓住了欣理的胳膊。欣理努力摆出没所谓的表情，可心里早就乐开了花。

"那你可要答应我一件事情哦！到时候不准反悔！"

小爱连连点起了头，欣理这才清了清嗓子，说道：

"这件事情吧，发生在一个深山老林里……"

小爱马上就走进了欣理的故事里。

金欣理的心理咨询室

刺猬困境是什么？

是指渴望亲密关系的同时，又怕受到伤害，最终选择和他人保持距离的矛盾心态。这也就是小爱明明想和大家玩到一起，可最终却做不到的原因。

一场严寒席卷了森林。当夜幕降临后，北风像刀子一样，刺骨无比。

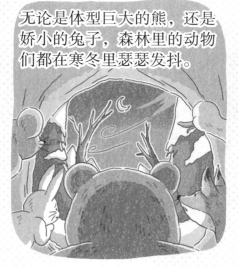

无论是体型巨大的熊，还是娇小的兔子，森林里的动物们都在寒冬里瑟瑟发抖。

小刺猬也是如此。

哎呀……好冷呀……

就当大家思考着如何迎接下一场暴风雪的时候，聪明的狐狸举起了手。

听了狐狸的话，动物们纷纷点头表示赞同。

森林里的动物们都听取了狐狸的建议，互相拥抱在了一起。

熊和熊抱在了一起，兔子和兔子抱在了一起，狐狸和狐狸也抱在了一起。看到这里，小刺猬急匆匆地朝家里走去。

就在刺猬家族互相靠近的时候，刺猬妈妈痛得叫出了声。

哎哟！
好痛！

因为身上的刺，导致刺猬们不能靠得太近。

因为刺，所以不能拥抱了……

明白这一点的刺猬家族，各自后退了几步。可是，夜越深，天气便越来越冷了。

没办法，我们只能保持距离……

呜呜呜，这样下去不会冻死吧……

可是刺猬们实在冷得受不了了，决定再试一次，向前凑了上去。

抱，抱抱看，孩子们……

这次换刺猬姐姐喊疼了。

哎呀！好痛！

就这样，刺猬家族一会儿为了取暖聚在一起，一会儿被刺扎得很痛需要保持距离，反反复复，直到第二天的太阳升起。离得太远会觉得冷，可离得太近又觉得痛。

人和人之间的关系也和刺猬家族一样，虽然我们的眼睛看不到，

人和刺猬是一样的。

但每个人身上其实都长着尖尖的刺。离得太远会觉得孤单，离得太近又会受到伤害。

人和刺猬是一样的。

心理学中把这种情况叫作"刺猬困境"，用来表达像刺猬一样左右为难的情况。

"……原来如此。也就是说，我陷入了刺猬困境？"

其实，小爱特别想和小伙伴们一起玩耍。不过不管是在家还是在学校，她对独来独往已经习以为常了。可问题是，就算有人来接近小爱，她也不知道该如何回应对方。有时同班同学来找她说话，她马上就会变得像木头人一样一动不动。本来就尴尬的对话很难继续下去，同学也觉得没什么意思，就走开了。

"在一起会觉得不自在，可是自己一个人又会觉得无聊，这该怎么办呢？"

小爱仿佛看到了自己身上的刺，和她的心情一样，每根刺都打着蔫儿垂到了地上。突然，她想到了什么，赶紧凑到欣理身边。欣理被小爱吓了一跳，像是被她身上的刺扎到了一样。

"欣理！那……那个，故事的结局是什么？刺猬家族怎么样了？该不会冻死了吧……不是这样的吧？"

小爱对故事的结局非常好奇。她觉得如果刺猬家族能够存活下来，那说不定自己也能和朋友们相处得很好。欣理看着小爱，把屁股挪开了一点。

"就是说，他们一整个晚上都在冷和疼之间反复着，直到最后……"

"……最后？"

小爱用力咽了咽口水。

"他们找到了合适的距离。这个距离既不会感觉到太冷，也不会被别人的刺扎到。"

小爱看到欣理的笑脸也松了口气。感觉背后的刺也没那么无精打采了，不过还是像秋天里的水稻一样低着头。小爱伸出双手，比到了和肩膀同宽的位置——什么样的距离才算是合适的距离呢？

"要是我也能找到合适的距离就好了。可实在是鼓不起勇气，怕太主动的话会受到伤害……是不是因为我的性格太古怪了？"

听到小爱的话，欣理用力摇了摇头。

"才不是呢，这只是因为你内心的黏性还不够强。"
"你在说什么？内心的黏性？"

金欣理的心理咨询室

依恋是什么？

是指我和父母等抚养人，或是和恋人、朋友形成亲密关系的情感纽带。

仔细观察人的内心，我们会发现那里被黏稠的液体包裹着。这样一来，就可以轻松捕获友情、爱情等情感。

我们长得不一样！

黏稠的程度也不一样。

黏液的黏性越高，就越容易和他人亲近，不用费太多时间。

准备好了吗？我要发射了！

飞啦！

因为有了这层黏液，所以可以轻松捕获各种情感，也不会受到伤害。

嘿嘿粘上了！一点都不痛呢？

相反，如果黏性低的话，和人交往这件事就没有那么轻松了，会因为担心对方离开而感到不安，

或是害怕分离后可能会遭受伤害，故而从一开始就逃避亲密的关系。

简单来说，我们觉得交朋友这件事容易或困难，都是因为被叫作"依恋"的黏液在起作用。

依恋往往在童年时期形成，变成大人后也不会发生太多的变化。

"什么？那我该怎么办？"

欣理的解释吓得小爱一激灵。郁闷的小爱把身体蜷缩起来，后背上的刺更明显了。

"这辈子就要一直这样下去了吗？"

欣理走向了自言自语的小爱。

"你也不用着急给自己下结论。只要你愿意，马上就能增强内心的黏性。现实中也有成功的人哦！"

小爱慢慢抬起头来。

"是吗？谁啊？"
"最具代表性的……"

欣理从口袋里翻出了自己的手机。

就是做出这款智能手机的史蒂夫·乔布斯！

金欣理的心理咨询室

如何与过去的自己和解?

勇敢面对并治愈失败的人际关系带来的伤口,才能从不稳定的依恋中解脱出来。试试面对自己的伤口吧!

某公司的创立者史蒂夫·乔布斯取得了巨大的成就,但内心仍然十分空虚。

啊……好难过……

年幼的他遭到了父母的抛弃。从那时开始,他就很难和别人保持亲密的关系。

……再亲有什么用,还不是会抛弃我,就像我亲生父母那样。

他没有好朋友,也没能组建幸福的家庭。有一天,孤独的乔布斯做出了一个决定。

是啊,不应该一直这样下去……

通讯录亲密的人 0 个

那就是找到自己的亲生父母，来弥补自己的空虚。

就算受伤，也要搞清楚他们为什么抛弃我。

乔布斯甚至请了私家侦探，

钱管够，人一定要找到，拜托了。

最终他找到了自己的亲妹妹，也是通过她，了解到了当时父母不得不把自己送给别人抚养的原因。

所以只好做了这个选择，绝对不是因为不喜欢哥哥……

呜呜，原来是这样……

多亏乔布斯鼓起了勇气，才能够了解父母当时的苦衷，

抱歉，误会您们了。

没有，孩子，是我们对不起你……

并且从此以后和家人保持联系，

我一定可以的，因为我有家人了。

依恋

叛逆又不安的内心也找回了平静。

和过去受伤的自己和解，同时也会懂得如何去爱自己，以及去爱身边的人。

与其盖住伤口，假装看不见它，

不如积极治疗，去了解是什么时候、因为什么而受的伤，

这才是最快的让伤口恢复的方法。

"所以，小爱你也好好想想为什么自己会害怕交朋友。"

小爱陷入了沉思，开始回忆自己说短不短，说长也不长的人生。为什么我的内心没有黏性呢？为什么形成不了依恋呢？小爱的脑海里闪现过许许多多孤独的瞬间。每当自己感到孤独的时候，心里缺失的其实是……

"在我七岁的时候，我的爸爸妈妈离婚了。在那之后，我妈妈一个人带我，可是她太忙了，没有时间照顾我。比如运动会的时候、郊游的时候，甚至是我考试考了100分的时候，她还是顾不上我。"

小爱想起了某个晚上。她手里拿着100分的试卷，在妈妈的房间门口犹豫了很久。她太想去跟妈妈分享自己的喜悦了，太想听到妈妈的夸奖了。可是当她把门开个缝隙后，眼前的画面让她不得不放弃了这个想法——小爱看到刚下班的妈妈瘫倒在床上，脸上满是疲惫。

"因为爸爸妈妈不管我，我也有了这种想法。"

小爱独自回到房间，把试卷小心翼翼地叠了起来，然后放进了自己的百宝箱里。那里放满了自己想要得到关爱，却没能满足的内心。

　　"这个世界上没有爱我的人。"

　　每当这时，小爱都会在被窝里偷偷抹眼泪。想到这里，小爱的鼻头又酸了。要是其他小伙伴也这样对我可怎么办？只要朋友表现出一点点冷淡的态度，小爱就会彻底失去自信。其实对方也不是不喜欢小爱，可小爱就是担心得不行。

"不过现在想来，我可能一直误会了。"

小爱在紫菜卷袋子里翻找着什么。她翻出了妈妈留给她的便笺纸，然后用手掌把褶皱按平。

"我妈妈只是因为忙而已，她其实特别特别爱我。"

当小爱把脑海里的负面想法整理好后，她终于意识到了妈妈的爱。妈妈留下的便笺，一字一句都是发自内心的话。原来是自己光顾着和别人的妈妈作比较了，才忽略了这些。

"是呀，你说得对。父母永远都会爱我们的。"

欣理点了点头。

"故事听完了，那现在该满足我一个要求了吧？"
"啊，是的，你想让我做什么？"
"我想让你鼓起勇气，去跟他们打个招呼。"

小爱从椅子上蹦了起来。她原以为欣理的要求无非就是一起分享紫菜卷，或是向她借课外书，没想到是让她去和别人打招呼。小爱连忙摆手。

"什么？啊，不行！我绝对不行！"

"要是害怕的话就算了。因为这只是我的请求，不会强求你的。不过，你也不能一直逃避下去吧？要有勇气付诸行动才能争取到自己想要的东西！就算失败了也没关系，我陪你吃便当就好了。"

欣理的玩笑中带着温暖的力量，给了小爱勇气。看着欣理坚定的表情，小爱开始调整自己的呼吸，然后站了起来……是啊，总不能这辈子一直躲在角落里吧。放手一搏吧。小爱坚定地走向了朋友们，就是紧张得四肢看起来有点不太协调。

"该说些什么呢？'啊，大家好啊。'这个有点不太自然……'便当，要一起吃便当吗？'唉，这个又太呆了……"

小爱自言自语地走着，是小才第一个发现她走了过来。在她开口前，小才就热情地喊出了小爱的名字。

"小爱！"

这声音就像阳光一样明媚……

"……嗯？你知道我的名字？"

听到小爱的话，英宇将嘴里的食物咽了下去，回答道：

"当然了！你不是我们班的吗？"
"啊，原来如此。我还以为大家都不认识我呢……"

小爱还以为自己是"小透明"，没想到其他同学都认得她。

"有什么事吗？"

东文问道。小爱被美妙的氛围环绕着，才想起来手里还拎着紫菜卷。

"嗯？啊，那个……我带了紫菜卷，想和大家一起吃……"

看到好几双眼睛都看向了自己，小爱不知不觉地又低下了头。要是他们不愿意可怎么办？就在小爱惴惴不安的时候，她听到了贤淑鼓掌的声音，立刻清醒了过来。

"好啊！正好，我们好像都没有带紫菜卷呢！郊游就该吃紫菜卷啊！"

大家都赞同贤淑的话，纷纷点了点头。英宇拉了拉站在旁边的小爱，贤淑也把东西挪到了一边，给小爱腾了个位置。

"坐这里吧，小爱。"

"……可以吗？"

"当然啦，快坐。要不要尝尝这个？这是东文带的，可好吃了。"

"尝尝我的！我妈妈给我做的更好吃！先吃这个。"

大家争先恐后地给小爱塞各种好吃的。幸福感袭来的小爱都来不及说话，只顾得享用美食了。小爱终于感受到内心的黏性了。朋友温暖的眼神、关心的话语，都"粘"到了小爱的心上。原来爱是有来有往的。阳光下，小爱的脸颊红得像苹果，她开心极了。

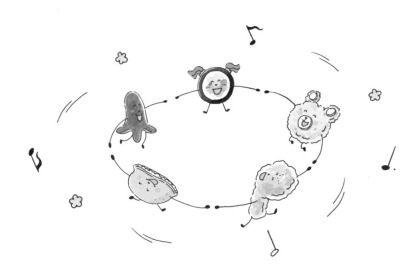

第三章
什么？玩游戏也 会中毒

"比赛……开始！"

随着一声令下，在起点一字排开的赛车同时冲出了跑道。在轰鸣的油门声中，皮皮的红色赛车开始崭露锋芒。其他赛车没能控制好速度，纷纷被挤出了弯道，只有皮皮的车勇往直前。就这样过了两个弯道，皮皮的车已经遥遥领先了。

"好极了。这样下去，冠军非我莫属！"

皮皮很久没有这种预感了，说不定这次真的能捧走冠军奖杯。想到这里，皮皮兴奋地狠踩油门。就在这时，一辆车从旁边冲了过来，"咻"地一声从车里抛出了一个东西——瞬间一股浓烟弥漫开来，遮挡了前方的视线。

"啊！天呐！我看不见路了！"

　　皮皮的车失去了平衡，开始打起转来。一阵轰鸣过后，皮皮的车停了下来。就在皮皮剧烈咳嗽的时候，其他车纷纷超了过去，轮胎摩擦滚烫的沥青路发出的噪声也瞬间传出了好远。皮皮感觉整个赛场只剩下自己和红色的赛车，安静得连根针掉在地上都能听到。

"咳咳，啊……"

皮皮可算是把气喘匀了。就在皮皮打算踩油门继续前进的时候，他突然停住了——就算现在重新出发，估计只能勉强通过终点线吧？想到这里，他憋了一肚子的火。明明冠军就在眼前了，竟然被别人这种幼稚的手段坑了！皮皮摘下头盔砸到地上，然后按下了车里的"终止"按钮。

"我不玩了！不玩了！"

在皮皮的咆哮声中，手机画面显示出一行提示。

在俊和成泰同时抬起了头。在俊忍不住发起火来。

"喂，皮皮！你怎么一声不吭就退出去了，这可是团战啊！"
"是你自己退的？还是游戏掉线了？"

成泰也表示不理解，附和了一句。皮皮早把手机扔到了一边，看都不看他们一眼，回答说：

　　"烦死了，反正又拿不了冠军，还要继续吗？"
　　"那也要坚持到游戏结束啊，都怪你，我们都没拿到分！"

　　听到在俊开始掰扯起来，皮皮白了他一眼。反正在俊跑在最后面，在团战中皮皮要是拿了冠军，最沾光的就是在俊了。这个在俊，明明要靠别人拿分数的，他反倒生气了。皮皮涨红了脸喊道：

　　"那你自己玩吧！我不喜欢输！赢不了我就不玩了！"

　　在俊和皮皮两人喘着粗气，大眼瞪小眼，谁都看不惯谁。只有成泰夹在中间，不知道该怎么办才好。是不是不该让大家打团战啊……成泰心想，要是能回到 5 分钟前，不和大家提议打团战就好了。

成泰看此情景急得不得了。这可怎么办啊？

"哎哟，这炸猪排可真是怎么吃都吃不腻啊！"

正在着急的成泰听到有人过来了。原来是欣理。她刚吃饱饭正往心理咨询室走呢。成泰连忙冲哼着歌的欣理挥了挥手。

"欣理，快来劝劝他们！"

听到有人叫她，欣理回过头，看到成泰尴尬地指了指身边的两个人——他们就像两头犀牛一样站在那里。是金欣理该出场的时候了！

"喂，我说，在吵什么呢？留点力气做别的事情不好吗？"
"是他先退出了团战！"
"所以呢？我想什么时候退出就什么时候退出！"

欣理看两人越吵越激动，一时间也不知所措起来。
团战？退出？这都是什么啊？欣理看了看周围，发现三个手机正"躺"在桌子上。

"啊，你们是在玩游戏吧？"

原来是他们组团玩游戏的时候，皮皮没吱一声就退了出去……事情好像就是这么个事情，不过欣理不敢轻易下定论。有必要让三个人都坐下来，好好聊一聊。

"咱们别站在这儿了，腿都站累了吧？咱们去咨询室里聊会儿怎么样？"

欣理和和气气地说道。可是皮皮和在俊好像都对这个提议不感兴趣。

头疼的欣理又起了腰，反复看向他们两个人。

"你们要是非要在这里吵架，免不了会引来其他同学围观。你们难道愿意把事情闹大吗？"

大家思考了一下，决定听从欣理的建议，来到了咨询室。欣理给他们每个人都倒了杯茶，告诉他们这茶能够安神。

　　他们迟疑了一会儿，都拿起来喝了一口。虽然有点发苦，但是肚子里暖暖的，确实舒服了很多。

　　"我有几个问题想问你们。"

　　欣理指了指自己的口袋——那口袋里装着他们三个人的手机。

　　"你们要是好好回答的话就还给你们。刚才发生的事情我也不会告诉老师。"

　　"那你可要说话算话哦。我准备好了，你尽管问！"

成泰眼睛里发着光，伸着脖子乖乖地坐在座位上。欣理又对剩下的两个人问道：

"你们两个就不打算要回手机了吗？"

"……要。"

"哎呀，要要要，快开始问吧。"

欣理冲不耐烦的皮皮晃了晃手机，看到皮皮屈服的表情，才清了清嗓子。

"那好，那我问第一个问题！你们每天都打几小时的游戏？"

听到欣理的提问，他们三个人伸出了手指。成泰是半小时，在俊是三小时，皮皮至少是五小时。吃惊的欣理又问出了第二个问题：

"有没有过因为玩游戏而没完成作业的情况？"

成泰摇了摇头，他笑着说自己都是做完作业才开始玩游戏的。在俊也说自己有时候会忘记做作业，但是最后还是会把该做的事情做完。不过皮皮的表情不太自然。他挠着头说自己经常忘记带第二天在学校要用的东西，也经常忘记写作业。欣理表情严肃地接着问出了最后一个问题。

"玩游戏比上学和同学一起玩更有意思吗？"

听到这，成泰连忙摇头。

"不会，玩游戏也是和朋友一起玩才有意思，自己玩多无聊啊。"

"没错，玩游戏时间久了眼睛也不舒服。和朋友踢足球、打篮球更有意思，也会发生很多好玩的事情。"

成泰和在俊叽叽喳喳地聊了起来，他们回想起过去在操场上一起玩耍的场景。不过，皮皮沉默了，过了很久都没有说话。他像是在思考着什么，然后一字一字地回答道：

"……我不是，我觉得玩游戏更有意思。"

听到皮皮的回答，成泰和在俊都露出了惊讶的表情。最感到意外的是欣理，她多希望自己的预感不是真的。也不知道皮皮是否明白欣理的担忧，他陷入了想象——他的脑海里浮现出游戏中自己的形象，不知不觉露出了微笑。

"在游戏里我可以做任何事情。可以开枪，可以开车，还可以有超能力！"

皮皮看向了自己对面的镜子。和游戏中的形象不同，现实世界里的他很是邋遢。正在兴头上的皮皮马上就冷静了下来。

"我真的希望游戏里的世界能变成现实。"

皮皮低下头嘟囔着。

"那样的话，每当失败的时候，或者有困难的时候，都能像游戏一样重新开始。"

听到皮皮的话，欣理立马拍了下桌子。

"果然，你已经患上了重启综合征。"
"重启综合征？"
"那是什么？"

成泰和在俊凑到了欣理身边。他们实在是太好奇了，眼睛里闪烁着光芒。而皮皮远远地坐在一边，吓得脸色白一阵红一阵。

"等……等一下，我是……生病了吗？"

听到皮皮的问题，欣理往椅背上靠了靠，然后伸出食指指向了胸口。

"也可以这样说，不过不是身体生病了，而是你的内心生病了。"

"……内心生病？"

"是，这个病不是由病毒或细菌引起的，而是由游戏引起的，是一种心理疾病。"

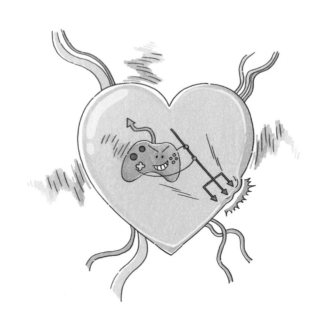

金欣理的心理咨询室

游戏中毒与重启综合征是什么？

　　游戏中毒是指一个人对视频游戏的过度依赖和沉迷，以至于影响到日常生活、学习和工作，其表现可能包括长时间玩游戏、忽视其他生活和社交活动、情绪波动、睡眠障碍等。

　　重启综合征，与游戏中毒有关，是指误以为现实生活中也能像重启电脑或游戏一样，可以从头再来，以逃避解决问题的责任或困难。

这个词由意为重新启动的 "reset" 和在医学中指某一组典型症状的 "综合征" 一起组成。

reset
+
综合征

好发于网络成瘾或游戏成瘾的人群。

电脑被发明和普及以来，网络成为了人们日常生活中的必需品。

得益于互联网，我们可以和千里之外的人对话，

你好！

也可以足不出户查阅各类信息。

不用去图书馆也能查到，真是太方便了！

有时候也会给人们提供更多的娱乐选择。

不过，就像硬币有两面一样，

网络在给人们的生活带来便利的同时，也存在着一些缺点。

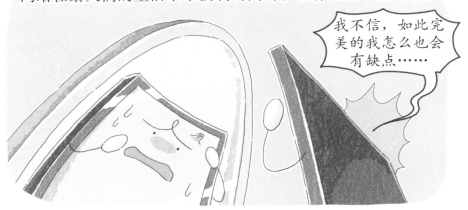

通过互联网，人们可能浏览暴力、低俗的内容，从而诱导人们犯罪；

也有可能听信不实的消息，并进一步散播谣言。

随着科学技术的发展，人们上网的时间变得越来越长，游戏和互联网成瘾的人也变得越来越多。

从此，大家可以随时随地地使用电脑了！

哇——

如果说游戏成瘾和上网成瘾是像感冒一样的疾病，

让你知道一下感冒病毒的厉害！

那么重启综合征就像是一种症状。

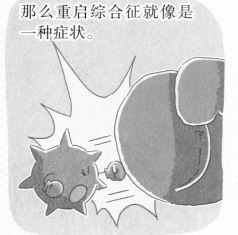

和咳嗽、流鼻涕、打喷嚏是一样的。

咳咳！啊，鼻涕……

嘿嘿嘿！

"所以说，是因为游戏成瘾，才患上了重启综合征，是吧？"

一点就通的成泰简单明了地总结了欣理的解释。欣理冲成泰竖了个大拇指，成泰不好意思地"嘿嘿"笑了一声。在俊向欣理挥了挥手，问道：

"那得了重启综合征会怎么样？"

成泰紧接着也追问了同样的问题。

"不是说重启综合征也是一种症状吗？打喷嚏打多了，鼻子会变红，咳嗽咳久了，胸口也会痛，那这个综合征也是会产生什么影响的吧？"
"重启综合征如果不断加重，确实会造成很严重的后果。"

哎呀，这要怎么形容才好呢？欣理琢磨了好久，终于打了个响指。她关掉了咨询室里的灯，然后把电脑显示器搬到了他们三个人面前。屏幕里重播着他们在午休时间玩过的赛车游戏的画面。

"噢，比赛开始了！"

成泰的一句话让大家都聚到了显示器前。三个人脸贴着脸聚精会神地盯着屏幕，根本看不出来他们刚刚吵过架。

就在他们如痴如醉地看赛车在跑道上疾驰的时候，不知道为何画面抖了一下，紧接着一只手冲出了屏幕，紧紧抓住三个人的领子，把他们一把抓进了屏幕里。

一旁的欣理也做了一套热身动作，"扑通"一下跳进了屏幕。

啊啊啊啊啊啊啊啊啊啊！

金欣理的心理咨询室

重启综合征有哪些特征？

熟悉智能手机的人都有可能患上重启综合征。当网速变慢、画面卡顿的时候，选择退出程序重新进入也属于重启综合征的一种哦。

如果患上了重启综合征，会分不清真实世界和虚拟世界的边界。

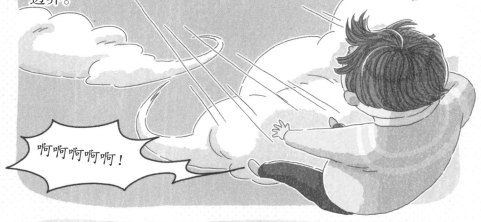

会认为游戏里和网络里的世界是真实的。

84

甚至可能会觉得游戏里和网络里的自己，比现实生活中的自己还要厉害。或者认为现实生活中也可以做到重新开始。

在犯下滔天大罪后也想重新来过，就像从没发生过一样。

不过，重启综合征的症状中也不都是如此严重的。

在我们习以为常的行为中，也有属于重启综合征的症状。

不敢相信，是吗？那么在下面的问题中，在符合自己症状的选项序号上画个圆圈吧。

85

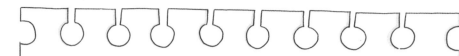

重启综合征自查清单

1. 觉得网络中的自己更有魅力。

2. 和过去相比更容易做出暴力行为或是更容易讲粗话，社交技能退化，人际交往困难。

3. 认为任何问题都可以通过网络解决，而不是正面应对。

4. 犯了错误后，会当作没有发生过。因在现实生活中无法像游戏中一样重启而抑郁或焦虑。

5. 由于投入大量时间和精力在游戏中，学习、工作及日常生活等出现问题。

    三个人进入了荒凉的游戏世界里。欣理把自查清单递给他们，看到成泰和在俊的表情严肃了起来，担心自己是不是也患上了重启综合征。

    不过，皮皮还在环顾四周。他发现和自己期待的不一样，屏幕里的世界竟然会这么荒凉。这里没有欢呼的观众，没有酷炫的赛车，只有空荡荡的赛车场。原来这里也没有想象中的那么好。就在皮皮走神的时候，做完自查的成泰张大了嘴巴。

"天呐，我竟然有两项是符合的！"

5 个选项里符合两项，差不多有一半的确诊可能性。在俊也绝望地画上了第三个圆圈，不敢相信自己已经对游戏中毒了。皮皮看了一会儿大家的反应，比大家慢一拍开始做起了自查。不过他的表情也渐渐凝固了，因为他发现自己画了 5 个大圆圈。

"才不是呢，我才不相信。"

他把清单叠成了纸飞机，扔到了天上。大家望着纸飞机，这时欣理不知道朝飞机扔了什么，随着"砰"的一声响，纸飞机变成了鲸鱼的大小。

"我才不是游戏中毒，所以也不可能是重启综合征。欣理，你在骗我们，对吧？都是为了吓唬我们才这样的是吧？我们来到游戏世界也是你搞的鬼吧？对，还有刚刚喝的茶！你肯定在茶里做了什么手脚！"

皮皮从地上站了起来，冲欣理喊道。欣理一脸满不在乎的样子，爬上了那架巨大的纸飞机，然后耸耸肩膀说道：

"如果你觉得是我在骗你，那就留在这里好了，反正梦早晚都是会醒的。不过，如果这就是现实发生的，我们有可能永远被困在这里，那我可负不了责，听明白了吗？"

听到欣理的话，成泰赶忙爬了上来占了个位置。在俊也紧跟其后。欣理打了个响指，纸飞机嗖地飞了起来。就在纸飞机要加速的时候，在一边生闷气的皮皮也扒住了飞机的边缘，好不容易爬了上来。

"我刚刚说过的吧？游戏中毒和感冒一样，是疾病，而重启综合征是像咳嗽打喷嚏一样的症状。"

纸飞机越飞越高，在俊紧紧抱住了身边成泰的腰，一直在摆臭脸的皮皮也吓得涨红了脸。和这三个人不同，满脸兴奋的欣理说话也提高了音量。

"不一定非要感冒了才会咳嗽和打喷嚏吧？我们心里的病也是一样的。不一定非要游戏中毒、网络中毒才会得上重启综合征。"

"阿嚏！"

欣理打了个喷嚏，纸飞机突然猛地晃了一下。三个小孩尖叫着，只见大地变得越来越远，他们被吓得不得了。

"或者反过来，也可以通过重启综合征来判定是否真的游戏中毒了。"

欣理接着说道。
胆小的成泰在空中紧紧闭上了眼睛。然后拉着欣理的衣角问道：

"那我们该怎么做？怎样才能摆脱重启综合征啊？"
"其实我有一个特别简单的方法。"

欣理突然站了起来，身后不知道什么时候背上了一个书包。她做了几次深呼吸，接着纵身一跃，从纸飞机上跳了下去。三个孩子的脸都吓白了，纷纷冲着欣理伸出了手。

"欣理！"

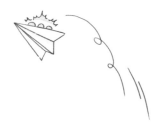

"喂，你这是在做什么？"

欣理并没有理睬他们，向下、再向下坠落了下去。瞅准时机的欣理用力拉开书包上的绳子，一颗巨大的玉米粒"砰"的一声炸开了。她紧紧地拉着像降落伞一样膨胀起来的爆米花，缓缓地向地面降落。

"离爆米花远一点！"
"什么爆米花，你在说什么啊？"

金欣理的心理咨询室

爆米花脑袋是什么？

是指大脑长期接受像炸开的爆米花一样又多又强烈的刺激，但却无法有效地处理这些信息，对现实生活变得反应迟钝的现象。皮皮沉迷于手机游戏也是这个原因。

我们的大脑喜欢新鲜又刺激的东西。

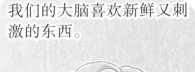

特别是对像制作爆米花一样"噼里啪啦"的事情非常感兴趣。

嗯？这是什么？

哇哇！

过度使用电脑、手机等电子产品，或是经常同时使用多个电子产品的时候，这一现象就会变得更加严重。

渐渐地，一般的刺激就不会对大脑产生作用了。

所以我们把这种感官过载的现象形容为"爆米花脑袋"。

当我们扫描有"爆米花脑袋"的大脑时，会看到负责"思考"的区域似乎要被爆米花填满了。

也就是说，游戏中毒引发的重启综合征不仅会影响日常生活和我们的行为，

还会使我们的大脑迟钝，影响注意力、记忆和认知能力。

为了摆脱重启综合征，首先要做的就是减少上网和打游戏的时间。

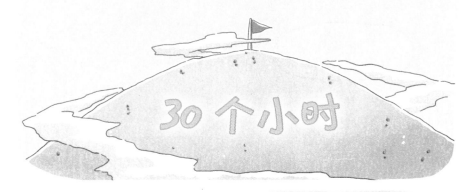

虽然听起来容易，但其实做起来很难。

感觉马上就要塌下来了。

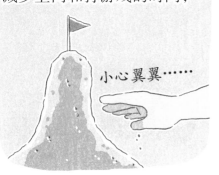

一开始确实会感觉不容易做到，但只要我们一点一点地减少上网和打游戏的时间，

小心翼翼……

总有一天会改掉追求刺激的习惯，对吧？

成功了！
慢慢做就能做到！

其次，我们要培养健康的兴趣。在假期和周末等课外时间，我们可以和朋友一起做户外运动、见面聊天，而不是只在家里玩游戏。

唱歌，画画……哪怕是看着窗外发呆也是不错的选择。

重要的不是兴趣，而是要用健康的方式来消磨时间！

最后，就是保持规律的作息。

从现在开始就要好好听我的话了，知道了吗？

如果因为打游戏和上网，导致睡眠不足或没有按时吃饭，

什么，已经两点半了？

这么晚了，随便吃点吧。

大脑就会变得越来越虚弱，这样一来就会容易患上"游戏中毒"。就像如果身体的免疫力不足就会生各种病一样。

快看，这里有破口！赶紧进去吧！

为了让大脑保持健康和活力，拥有规律的睡眠和饮食是非常重要的。

小朋友，现在就要躺下了，马上！

所以我们要保持规律的作息。

吃饭的时候不要分心，听到了吗？

随着欣理安全降落到地面，纸飞机也把大家送回了心理咨询室。

"怎么样，是不是挺简单的？"

他们三个人像丢了魂一样，听到欣理的问题也没有任何反应，不知道刚才是做了场梦，还是像爱丽丝一样去了趟仙境。欣理把手机递了过去。

"行啦，说好要把手机还给你们的。你们回答得很积极，故事也听得很认真。"
"嗯？啊，谢谢……"

成泰、在俊和皮皮依次接过了手机。明明应该开心的，可他们一点都开心不起来——他们都不想接着打游戏了，也不想拿游戏冠军了。一想到手机屏幕里也有可能伸出吓人的手，就像刚刚被吸进屏幕里那样，成泰小声"哎哟"了一下。在俊也赶紧把手机放进了口袋里。

筋疲力尽的欣理向他们挥了挥手。咨询结束了，大家也该回到教室了。临走前还叮嘱他们以后不要再因为打游戏吵架了。皮皮小声回答道：

"我们不会再吵架了，因为我以后不再玩游戏了。"

"什么？真的假的？"

"你真的能戒掉游戏吗？"

不敢相信的成泰和在俊反问道。这真的是从皮皮的嘴里说出来的话吗？不是我们听错了吧？他俩甚至掐了掐对方的脸。

"我想明白了，其实我玩游戏有点玩腻了，然后……好像也很久没有和你们一起在操场上玩了。"

皮皮说得对。自从三个人有了手机以后就再也没有在空闲时间相约去操场上玩了。他们都不记得上一次流着汗在操场上奔跑是什么时候的事情了。

"午休时间还剩二十分钟，我们要不要去玩'一二三，木头人'？"

皮皮听到在俊的提议点了点头。成泰看着这两个人，也露出了开心的表情。

"'一二三，木头人'？好呀，走吧。"

"我也要去！"

"快走吧！最慢的人来抓人！"

"喂，哪有这样的！"

"就这么决定了！"

　　欣理在窗边看着他们三个小伙伴吵吵闹闹地跑向了操场。他们的另一边还进行着一场足球比赛，在烈日下传来了"嗵嗵"的踢球声。欣理觉得，这声音可比爆米花炸开的声音好听多了。

第四章
你会辨别虚假新闻吗

"爸爸妈妈晚安！"

小影关好房门，钻进了被窝。他看着漆黑的天花板，眼睛却发着光。都怪今天是周末，睡了午觉，明明早就过了晚上该入睡的时间，可一点儿也不困。小影辗转反侧了好久，最后掏出了手机。

聊天群里的朋友们估计都睡了。小影打开了平时经常浏览的网站，网页中出现了好几个吸引眼球的标题，其中最吸引小影的是一个标题为"在某地发现藏宝船！"的视频。小影充满好奇地点了进去，视频里一个低沉又充满磁性的声音开始娓娓道来。

藏宝船？小影自然而然地想到了小时候看过的动画片。他曾幻想着自己将来有一天也能打败海怪和各种反派，拥有无数的宝藏。视频里的影像和富有感染力的声音令他回忆起了儿时的梦想。

对眼前的画面半信半疑的小影点开了另一个"推荐视频"。视频的标题是"在某地存在藏宝船的历史证据"，小影露出了饶有兴趣的表情。

"这照片也太像真的了……"

看视频看得出神的小影摸了摸下巴。真的假的？小影从一开始的将信将疑没一会儿就变成了"越听越觉得是这么回事"。当东方开始变得微微亮，小影也变得对此事深信不疑——在某个海边，沉睡着一艘藏宝船。

"藏宝船……300 亿……"

此时已经到了上课的时间，疲倦的小影坐在教室里自言自语地说道。虽然他熬了个通宵，黑眼圈重得像熊猫，但眼神还在闪烁着异样的光芒——他正在想象自己找到了藏宝船，变成了亿万富翁。

小影不知不觉地咧着嘴笑了起来。不过突然像是有什么东西打在了他的后脑勺上，一下子让他回过神来。如果

大海深处真的有藏宝船，那么就不能浪费时间了。要在更
多的人知道这件事情之前，找到藏宝船。

"没错，现在出发也不晚，不能让别人抢先一步！"

小影把书桌上的东西一股脑地扔进了书包。就在他拉
好拉链，背上书包的时候，刚到校的同学们从前门涌了进来。
同学们看到背好书包正要离开的小影，都围到了他身边。

"小影，你要去哪儿啊？不是刚到学校吗？"
"我得走，我非走不可……"

这时，小钟看到小影憔悴的脸庞吃了一惊。

"你哪里不舒服吗？所以才要走的吗？"

小钟见小影听到自己的询问也没有任何反应，就向身边的瑞允请求帮助。瑞允可是出了名的精明能干，上去就抓住了小影的胳膊。

　　"瑞允，小影可能是哪里不舒服，我们是不是要去找班主任说一下？"
　　"嗯嗯，要的，如果就这样走了，就是旷课了。小影，你先别着急，我们先去办公室……"
　　"放开我！我不是说我现在就要走吗？"

　　小影一下子就甩开了瑞允的手。

　　"大海里发现了一艘藏宝船！我现在就要去找它，有了藏宝船我就能变成大富翁了！"

　　听到小影的话，大家都皱起了眉头。

　　"什么？小影他在说什么啊？"

　　就在大家议论纷纷的时候，政翰"啊"地喊了一声。大家都看向了政翰——他掏出手机给大家看了个视频，正是小影昨夜观看的那个视频。

"前几天在这个网站上刷到过说有藏宝船的视频。我没点开看过，但他说的应该是这个事情。"

"你是说因为这个视频，小影才变成这个样子的？"

"不太可能吧？昨天还没这样，今天就说要去找藏宝船……"

小钟露出了难以理解的表情。突然他看了看四周，发现刚刚还站在这里的小影不见了。他钻出人群，看到小影正往后门跑去。

"啊，喂！小影要跑了！"

听到小钟的话，瑞允一个箭步冲了上去。后面紧跟着小钟和政翰。

"追啊！"
"然后要怎么办？"
"啊？反正先追上再说吧！"

三个人追着小影来到了走廊。政翰跑得最快，紧紧跟在小影身后。可他的指尖只能够到小影的书包肩带。这样下去可不行。只见政翰纵身一跃，一把抱住了小影。"咣当"一声，三个人一起倒在了地上。小钟和政翰立马一边一个抓住了小影的胳膊，看向了瑞允。

"我说，现在该怎么办？"
"接下来要去哪儿啊，办公室？医务室？"

不知所措的瑞允指向了远处通往体育馆的大门。

"欣……欣理！我们去找欣理！"

三个人拉着小影往咨询室走去。小影还在挣扎，喊着自己要立马去找藏宝船。

明明走几步路就能到的，他们足足走了十五分钟。满头大汗的三个人终于拉着小影走到了心理咨询室的门口，然后把小影推了进去。

"这······这是怎么回事？"

见此情景，欣理吓得眼睛瞪得溜圆。

"呼······呼······欣理，帮帮我们吧······"

小钟用自己的身体挡住了门。果然，小影向门口冲了过去，政翰和瑞允立马上去拦住了他。小影大喊道：

"还不快给我让开！你们······你们不想让我找到藏宝船，对不对？"

"藏宝船？啊，你们是在说动画片吗？"

"不是动画片，是真的，真的！我有证据！"

难道说他真的找到了藏宝图不成？欣理疑惑地把头歪向了一边。政翰把手机扔给了欣理。她稳稳地接住了手机，看到了正在播放的视频。

"啊！原来是这个视频！"
"哈哈哈，没错！这个视频里有所有的证据。藏宝船的位置、沉没的原因，还有那里面有多少宝藏，视频里都讲得明明白白的！"

仔细浏览了视频的欣理挠了挠头。这分明是拼接起来的虚假新闻。通篇虚假的内容里添加一点事实，就成了似是而非的虚假新闻。小影竟然听信了贻害无穷的假新闻。欣理关掉了视频，无力地瘫坐在了沙发上。

"这新闻是假的。你陷入了'无意盲视和确认偏见'里！"
"无意盲视？那是什么，能让小影变成这个样子？"

这时，小钟已经把小影绑在了椅子上。欣理摆了摆手让大家坐下，三个人就都坐到了沙发上。小影还在叫喊着放自己出去，可欣理装作没有听到。她要趁大家还没有都被虚假新闻蒙蔽时，把一切带回正轨。

金欣理的心理咨询室

无意盲视是什么？

　　是指当人们的注意力集中在某个特定任务或对象上时，可能忽略甚至忽视其他在视觉范围内明显接受到的刺激或发生的事件。小影对虚假新闻深信不疑，就是因为无意盲视，以及之前讲过的确认偏见。

确认偏见，是指只接受与自己观点一致的信息。确认偏见加无意盲视一起，简单来说，就是只看"我想看的"，

只听"我想听的"，只信"我认为对的"。

天呐！你怎么把草莓都吃完了！

我喜欢吃草莓，但是不喜欢吃奶油……

吃自己喜欢吃的有什么问题吗？我想吃就吃！

　　人的大脑和电脑不一样，并不能无条件地接收所有信息。为了有效地处理有限的认知资源，我们必须选择性地关注某些信息，而忽视其他信息。

这是1。

人们会根据自己过去的经验和自己的想法来处理信息，或是只挑选自己需要的、自己喜欢的，以及自己想看到的信息。

人们总是希望自己所相信的事情是真实的。正是因为这一习惯，大脑会无意识地去收集对我们有利的信息。

哪怕真相就在眼前，也会选择视而不见。

为了证明这一事实，心理学家做了一项实验。

他把六名学生分为三人一组，然后让一组学生穿上白色的衣服，另一组穿上黑色的衣服。

来，大家在镜头前围个圈。

准备好了！

从现在开始大家要把篮球传给同队的人。

研究人员录制了这段同队队员互相传球的视频，并播放给参加实验的人。

然后要求他们数一数穿白色衣服的小组的组员们一共传了多少次球。

不是穿黑色衣服的小组，

要数的是穿白色衣服的小组。

参加实验的人按照研究人员的要求，开始认真地盯着穿白色衣服的组员。

13、14、15……

等到视频结束，研究人员问道：

好，有人看到视频里的大猩猩吗？

近一半的参加实验的人表示他们专注于视频里的人传了几次球，根本没有看到大猩猩。

不是让我们数传球吗，哪里来的大猩猩？

没有，根本没有看见过……

你看到了吗？

看到大家的反应，研究人员把视频重放了一遍。

那我们再看一遍。

这时，神奇的事情出现了。刚刚并没有见过的大猩猩正悠闲地从镜头前走过。

刚才怎么没看到呢？

啊，这是怎么回事？

是不是给我们放新视频了？

研究人员用这样一个简单的实验，证明了人们确实只能看到自己想看的东西。

看来人类并不像我们想象的那样聪明……

"哇，好神奇！当注意力都集中在小小的篮球上后，竟然能让大家忽略大猩猩！"

政翰看着此时正装扮成大猩猩的欣理说道。

"哼，我看的才不是虚假新闻呢。我看了一晚上的视频，也没有证据能够证明藏宝船并不存在！"
"那是当然了。"

欣理深吸了一口气，然后拿起了篮球。她用毛茸茸的大手拍了几下，递到了孩子们的面前。

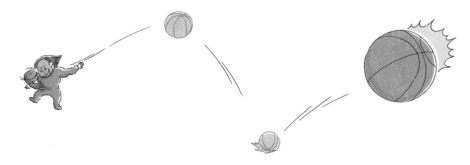

"视频里只给你看你感兴趣的信息……"

欣理接着把篮球放到一只手上。就在她把篮球传到另一只手上的时候，眨眼间篮球不见了。

"你不感兴趣的就不给你看，这就是虚假新闻的特点。"

"篮球去哪儿了？"

瑞允追到欣理的背后问道。

"到底是谁，为什么要做这样的事情呢？"
"那就是靠虚假新闻赚钱的人了。"

欣理把篮球拿到了面前。她冲篮球吹了口气，把篮球扔上了天——那篮球"砰"的一声炸开了，纸币像烟花一样落了下来。

"我之前说过，人有一种习惯，希望自己相信的事情是真实的，对吧？那么这些人就是利用了这一点，来欺骗和操纵不明真相的人们。"

瑞允、小钟和政翰向纸币跑了过去。他们看到纸币上画着的不是别人，正是戴着大猩猩面具的欣理。

金欣理的心理咨询室

虚假新闻是什么？

是指被故意制造出来的不真实的报道，来误导观众，以达到某种特定目的，比如影响公众意见、煽动情绪、增加点击率以谋取经济利益等。

互联网有着数不胜数的信息。有了这些信息，我们才可以通过点击鼠标来轻松找到我们想要的信息。

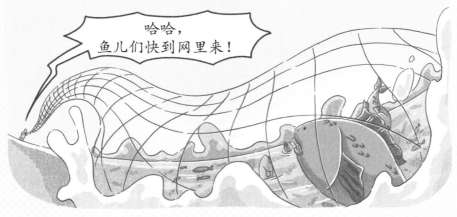

这并不会花费太多的时间和精力。

可问题是，我们很难去分辨这些信息的真假。

那里有我们必需的有用信息，同时也有人为捏造的、歪曲的内容。

而挑选出这些信息并不是一件容易的事情。

浏览新的信息并加以判别，是需要大量精力的。

最后，疲惫的大脑就会挑选和已知的事实相似的信息。

这就让挑选工作变得简单多了。

想寻找捷径的大脑，没想到却陷入了确认偏见和无意盲视的陷阱。

我们要避免陷入确认偏见和无意盲视的陷阱，是因为……

一旦陷进去后就不容易逃出来了。

如果只选择自己喜欢和容易接受的信息，那么就会被挖陷阱的人不断提供类似的信息，最后就会相信这些信息就是事实。

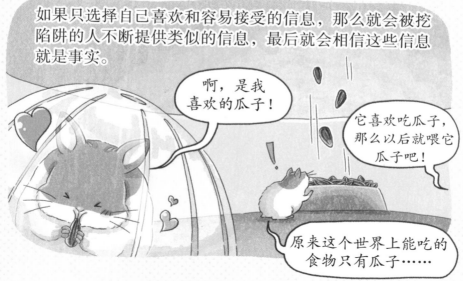

只听自己想听的、只看自己想看的，只信自己愿意相信的，久而久之，甚至会让我们放弃逃出陷阱的想法。

除了瓜子，肯定还有其他好吃的东西……

……唉，算了！别出去吃苦头了，不如就待在这里吧！

了解这一心理的人们，会到处埋下陷阱，等待我们上钩。

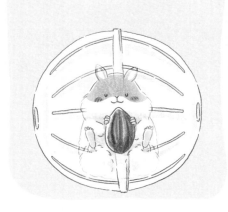

一边隐藏新的信息，一边提供给我们熟悉又简单易懂的信息。

我的仓鼠很喜欢吃瓜子呢！

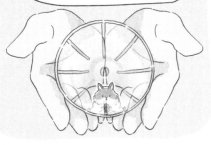

让我们沉浸于一种想法里。

真不错！今后也要把仓鼠养在仓鼠球里哦，绝对不能把它放出来。

这样他们才能获得更多的利益。

反正它也不想出来，不是吗？

"信息太多也是会有弊端的。"

　　欣理往杯子里添满了水，然后让小船模型浮在了上面。要溢出来的水面变得汹涌了起来，小船也剧烈摇晃着，差点翻了过去。欣理小心翼翼地喝了两三口水，等水位变低了，小船也恢复了稳定状态。

　　"不管是什么，适量才是最好的。就像再好吃的食物，吃多了也是会消化不良的。"

　　欣理走到小影身边，递给他一杯水。就在小影润嗓子的时候，欣理解开了他身上的绳子，然后把手机还给了他。面无表情的小影按了几下屏幕，随后皱起了眉头——原来小影花了通宵观看的视频是"骗你的 TV"频道。

骗你的 TV

　　"连假新闻都看不出来，真像个笨蛋……"
　　"你也不用过于自责，小影。换成别人也有可能会这样。"

欣理拍了拍小影的肩膀。

虽然是安慰小影的话，但这确实也是事实。如今，人人都可以创作内容，接触各类信息。散播谣言，捏造事实，也成了一件容易的事情。不知不觉中，我们可能每天都要面对几十个，甚至上百个虚假新闻。

"是呀，我们也有可能被虚假新闻骗到，对不对？电视、电脑，还有手机，防不胜防！虚假信息真的已经泛滥了。"

听到政翰的话，小钟点了点头。

"没错，我们也不能掉以轻心啊。"
"欣理，你是不是知道避免接受虚假新闻的方法？"

瑞允晃着欣理的胳膊说道。

"我这里确实有一个好方法。"
"什么方法？"

听到欣理爽快的回答，小影也抬起了头。有能够避免接受虚假新闻的方法？欣理看着四双大眼睛，一字一句地说道：

"那就是请律师。"

听到这里，政翰挑起了眉毛。

"律师？我们还是小孩子，哪里有钱请律师啊？"
"哈哈哈！不是说要请真的律师，我说的是心灵律师。"

金欣理的心理咨询室

什么是恶魔的律师?

是指积极提出反对意见的人,他们可以让讨论进行下去,探讨其他选择的余地。这是避免接受虚假新闻的好方法。

16世纪,天主教会在认定圣人的时候,有一套封圣过程。这个人有没有资格被封为圣人,需要通过辩论来决定。其中赞成的一方被称作神的律师,而反对的一方被称作恶魔的律师。

不管自己是否支持，被选为恶魔的律师的人，必须要提出反对意见。

通过这样的过程，可以较为公平地判断这个人是否具备被封为圣人的资格。

这样一来，就不会出现意见一边倒的情况了。

真福（准圣人）

就像这样，我们的内心也应该请一位恶魔的律师。

每当需要做出决定和判断的时候，

我们也要问一问恶魔的律师。重要的是要保证事情的客观性。

如果没有这样的过程，陷入了确认偏见和无意盲视，那么就会变成相信不会有猫出现的老鼠，随时都会变成猫的"盘中肉"。

"所以说，就算被虚假新闻骗了也不用太自责。再聪明的人也有可能掉进陷阱里。"

欣理把一只脚放到了椅子上，然后拍了拍胸脯得意地说道：

"啊，当然除了这世界上最厉害的金欣理大人！"

哎呀，又来了。小钟看着欣理可爱的样子反驳道。

"欣理，你觉得你是世界上最厉害的人，是不是也陷入了确认偏见啊？"

"就是就是，明明有许多反面例子，你是不是光挑着顺耳的话听了。"

"什么？你们太过分了！"

"啊啊啊，欣理生气了！快跑！"

就在大家互相开玩笑的时候，窗外飘来一团乌云。"叮！"五个人的手机同时响起了清脆的提示音。逃跑的小钟和政翰也停了下来确认消息。瑞允、欣理和小影也是。在一个五个人都有的群里，有人转发了这样一条新闻。

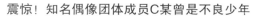

看到新闻的孩子们纷纷发表了意见。还没过几分钟，C某"好像欺负过同学"的文章，就变成了"不光欺负，还打人抢钱"的事实。小钟目睹着这件事情的发展，开口说道：

"你们说，这是不是也是虚假新闻呢？"

听到小钟的问题，政翰歪着头说道：

"不会吧，小影看的是'骗你的 TV'发布的视频，可这是新闻报道，那是不是就是真的了？"

"我搜了一下，好像还上电视呢。那就是事实了吧？"

瑞允用确信的眼神看着欣理。欣理叹了口气，然后把手机屏幕展示给大家看。

"你们看好了，虽然电视上也报道了，但新闻的出处并不可靠，转发在群里的链接也是如此。"

欣理用手指了指"瞎说日报"。这个报社报道的新闻可是出了名的夸大事实。为了获得流量，他们甚至会把没有事实根据的谣言写成新闻来报道，已经被警告过很多次了。

"新闻也不都是真的。我们要看消息的出处是哪里，写报道的人可不可信。然后，也要批判性地看这个消息是否过分偏重于某个观点。"

听到欣理的话，四个人纷纷摇起了头。不光是网站里的视频，连网上的新闻报道也要分辨真假，这如何才能做到？世界上真的有能相信的信息吗？大家陷入了沉思。就在这时，小影站了起来。包括欣理在内的四个人用意外的表情看向了他。

　　"现在可不是垂头丧气的时候。我们要快点告诉大家鉴别虚假新闻的方法。否则，继续这样下去大家都会听信谣言的！就像之前的我那样。"

　　欣理和小钟、瑞允、政翰纷纷点头，对小影的话表示认同。小影坚定的声音和紧握的拳头，让人看着热血沸腾。

　　"没错，小影说得对。我们从现在开始进行谣言清除计划，现在就开始！"

　　开始！大家一起喊了句口号，开始在群里发起了消息。

大家不能随便相信没有确认过的消息！

 没错，也不能随便传播。

听说不只是造谣的人，散播谣言的人也会受到惩罚？

是啊，我们等等后续的报道吧。

　　"你是这个偶像团体的粉丝吧？所以才帮他说话的吧？"群里一个接一个地开始质疑起来。就在这时，有人又在群里转发了一条新闻。

有关C某的传言不实，被指由对家粉丝捏造……

将采取法律措施抵制谣言

娱乐公司代表M某表示"毫无根据"，要求造谣者尽快道歉……

——————————————

xxx记者　　　　　　　　瞎说日报

从那天开始，群里就多了一条群规，那就是"不随便转发未经确认的信息"。大家的兴趣点也从偶像明星变成了彼此的生活，开始聊昨天晚上做了什么，周末去了哪里，最近都在关注些什么……

　　小影也在群里和朋友聊得热火朝天，他正在给大家推荐最近玩过的游戏。他瞥了一眼群公告，想起了之前发生的事情，笑了出来。谣言止于智者。谣言不见了，大家的脸上都露出了微笑。

第五章
为什么被夸奖会
觉得有压力

小雪和灿灿
的故事

　　小雪打了一个巨大的哈欠。刚吃完午饭，身子变得软绵绵的。凉爽的风吹在小雪的脸上，像是在催促着小雪进入梦乡。就在小雪马上就要合上眼皮的时候，班长善浩走了进来，喊了一句：

　　"下节课改成体育课了！大家快到操场集合！"

　　大家听到善浩的话开始骚动起来。有的同学在抱怨这么热的天气还要上体育课，还有的同学兴奋地说要一起打场球赛。小雪趴在桌子上，一点儿都不想动。她也不是不喜欢体育课，只是懒得走出教室。这种时候要是能让大家上自习就好了。小雪嘟嘟囔囔地走向了操场。

　　"来，大家自己做一下热身，10分钟后在那边那个球门前集合。"
　　"好！"

　　体育老师离开后，善浩带领大家做起了热身。一二三四！二二三四！在他的口令下，大家认真地开始热身——

130

小雪则趁机从队伍中跑了出来，躲到了教学楼后面。

"这里应该没人了吧？"

小雪来到了操场对面的小花园。去年这里还是大家休息散步的地方，但是有几个坏学生把这里当成了"大本营"，后来就被学校围了起来。小雪来到花园这里，四下张望着。

"这里应该有个长椅才对。"

就在她凭记忆找地方休息的时候，听到了奇怪的说话声。她怀疑是不是自己听错了，挖了挖耳朵，可嘟嘟囔囔的声音还在。莫非那些坏学生还在这里？好奇心作祟的小雪把头探了出去。

"……嗯？你是……"

"啊！吓我一跳！"

蹲在花园里的正是灿灿。都怪小雪的突然出现，灿灿的脸上写满了惊吓，吓得他一屁股坐到了满是泥土的地上。小雪向他伸出了手。

"你在这里做什么？难道你也逃课了？"
"逃什么课……才不是呢？"
"那你在干嘛？"

灿灿拉着小雪的手站了起来，有些难为情。要不要告诉她呢？灿灿欲言又止了好几次，最后还是指了指身后的那片地。

"我……我在种地！"
"种地？"

小雪看向了灿灿的身后——那里种着一排排的花草。在小花和小草前面还插着字迹歪歪扭扭的小牌子。每片叶子和花瓣都油亮油亮的，一看就是有人精心照料着它们。

"还以为你在做什么有意思的事情呢，没想到这么无聊。"

小雪马上就没了兴趣。她对花花草草一点儿也不关心。小雪的外婆经常说看着茁壮成长的花，心情都变好了，可她却不这么认为。花就是花，草也只是草而已。看到小雪傲慢的表情，灿灿也把身子背了过去。

"才不是呢，这可有意思极了。"

在灿灿看来，花花草草是这个世界上最美好的事物。而且有多少耕耘，就会有多少收获。看到眼前的小园子，灿灿心满意足。在这里，只要努力就一定会看到结果。明白这一点的灿灿，就更用心地照料这些花草了。

“嗯……你的朋友去哪儿了？”

“什么朋友？”

小雪看了看周围问道。可灿灿露出了意外的表情——在自习时间里，一直都是自己一个人在这里，哪里来的朋友呢？

“我刚刚在那边听到你好像在和谁聊天，不是和朋友吗？”

“嗯？啊，那个是……”

听了小雪的话，灿灿忍不住提高了声音。她该不会是听到我说的话了吧？灿灿害羞得不得了，感觉自己耳根都在发烫。灿灿不知所措地紧紧闭上了眼睛解释道：

“不，不是朋友……我是在和圣女果聊天。”

和圣女果聊天？听到灿灿的回答，小雪笑得肚子都疼了。养这些花花草草就够特别的了，没想到还会和它们聊天。真是个奇怪的人。小雪又问道：

“你也太有意思了吧？那你和圣女果都聊了些什么？”

“就是……快快长大，不要生病之类的。”

"和它聊这些有用吗？圣女果又没长耳朵。"

小雪摇了摇头接着说：

"你也别做没用的事情了，还是去找个地方睡午觉吧。"
"当然有用啦！"

这时，耳边传来熟悉的声音。
小雪和灿灿同时抬起了头。

原来是欣理，她不知道什么时候骑在了铜像上面。她轻身一跃，跳了下来。

　　"怎么是你，你也逃课了吗？"
　　"呵，怎么会。我没有逃课，我是为了给你们上一课，特意过来的。"

　　欣理用无奈的语气回答着。灿灿怕欣理会踩到自己的花，揪起了心，问道：

　　"你要给我们上什么课？"

　　欣理回答道：

　　"刚刚小雪不是说了吗，对圣女果说话是没用的。"
　　"没错！"

　　小雪点了点头。

　　"其实，圣女果能听懂我们说的话。当我们说'要快快长大'时，它就真的会长得很快。"

　　听了欣理的话，小雪叉起了腰，脸上写满了难以置信。

"怎么可能？生物老师讲过，植物有阳光、水和土壤就能生存。植物的生长条件里就没有'夸奖'这种东西。"

"你说的那些是'必要条件'，如果加上夸奖的话，当然是对植物生长有益的。就像人吃了饭，也会吃一些水果之类其他的食物。这在心理学里被称作皮格马利翁效应。"

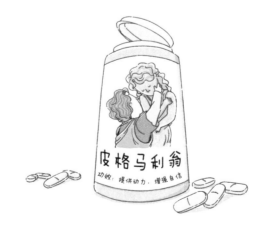

金欣理的心理咨询室

皮格马利翁效应是什么？

又称期望效应，是指一个人对另一个人的期望能影响后者的表现。这个效应的名称来自古希腊神话中的雕塑家皮格马利翁，他爱上了他自己制作的雕像。在虔诚的祈祷下，雕像终于变成了人，和皮格马利翁结为了夫妻。

皮格马利翁是古希腊神话中的雕塑家。他到了该结婚的年纪，可是一直没有找到心仪的姑娘作自己的新娘。

最后，他决定自己雕刻心目中理想的姑娘的样子。

我要亲自雕刻出我喜欢的姑娘的样子。

他全身心地投入了进去，开始雕刻他想象中的姑娘的模样。

这里要这样，那里要那样……

不知道过了多久，就在雕像即将制作完成的时候，他忍不住发出了赞叹。

天呐，怎么会……

他觉得全天下最美丽的姑娘就站在了他的面前。

太美了……

这尊雕像实在是精美生动，仿佛就是一个活生生的人。

有神的眼睛，高挺的鼻子，比例也很完美！

他觉得自己做的这尊雕像简直太完美了。

这是我这辈子做得最好的作品！

他每天都在欣赏，渐渐地他发现自己已经爱上了这尊雕像。

真的太美了！

哇，真的没有任何缺点，是我的理想型了！

他给雕像穿上了好看的衣服，戴上了精美的首饰。

来穿衣服吧，再戴个项链怎么样？

甚至到了晚上，还会和雕像一同入眠。

晚安……

就这样过了很久，到了纪念爱神阿佛洛狄忒的日子。

人们聚到了阿佛洛狄忒的神殿前。

然后给爱神献上祭品，祈求爱神能够实现自己的愿望。

求求您了，爱神大人。

皮格马利翁也听到了这个消息，带上精心准备的祭品，准备去向爱神虔诚地祈祷。

我也要赶紧去神殿，许个愿望。哎哟！太重了！

他的愿望是希望能让雕像变成自己真正的妻子。

求求您把雕像变成人，让我们结婚吧。

皮格马利翁许完愿回到了家。

哎哟，好累啊……

他和往常一样，亲了一下雕像的脸颊。

亲爱的，我回来了。

突然，他从冰冷的雕像上感受到了一丝温暖。

……嗯？怎么有点温暖？

皮格马利翁吓得看了一眼雕像。这是怎么回事，雕像怎么变成了人？

啊，这，天呐……

真，真的……真的变成人了吗？

阿佛洛狄忒听到了皮格马利翁虔诚的祷告，把雕像变成了真人。

收到你的祭品了，那就实现你的愿望吧。

肯定是爱神大人听到了我虔诚的祈祷！谢谢，真的太感谢了……

就这样，两人在阿佛洛狄忒的祝福下结为了夫妻，度过了幸福的一生。

皮格马利翁效应这个名字，就取自这个神话。

皮格马利翁

效应

就像是皮格马利翁虔诚的祈祷能把雕像变成真人一样，

求您实现我的愿望……

鼓励人们追求美好和理想。

143

"哇，这个故事太有意思、太神奇了！"

灿灿感叹着低头看了一眼脚下的植物，然后看着只有小腿那么高的圣女果藤，开始了无尽的想象。他幻想着圣女果在自己的夸奖下长得越来越高，直冲云霄。甚至还想到结出了西瓜那么大的圣女果。想到这里他忍不住笑出了声。

"我夸圣女果，只是希望它能够好好长大，没想到这会真的有用。"

灿灿结束了美好的想象，拿起洒水壶开始轻轻地浇水。嫩绿的叶子和结实的土地都被清凉的水滴浸润了一遍。

"看来我做的事情并没有白做。"
"没错，人也是一样的。人会越夸越优秀，就像魔法口令一样。"

欣理挥舞着手指，像是在施法，仿佛能看得到从她的指尖撒出了金粉。小雪冷笑了一声，破坏了这其乐融融的氛围。

144

"那我也不信。你让我去相信一个神话故事？我可做不到。"

小雪明白，大部分神话故事都没有实际发生过。就像盘古开天和女娲补天一样，这都是后人加工过的故事，根本不足为信。

"要有科学依据才可以吧，科学依据。"
"要说科学依据的话……"

看到小雪一副打破砂锅问到底的架势，欣理挠了挠头。要想说服像小雪一样逻辑感强的人，就需要有比神话传说更真实确切的东西。欣理在脑海里"唰"地翻开了读过的所有心理学书籍，这里面肯定有和皮格马利翁有关的心理学实验……

"啊，有了！有证据了！"

正在脑海里被飞速翻阅的书停在了某一页。听到欣理的话，小雪也有了兴趣，瞪大了眼睛。

"是什么证据？"
"我要向你介绍一位博士，能一下子就扫除你所有的疑问，他就是罗森塔尔！"

金欣理的心理咨询室

罗森塔尔效应是什么？

是指积极的期待和关注可以激发潜能，从而出现办事效率提高，或是考试成绩提升等结果变好的现象。

1968年，心理学家罗森塔尔和学校教师雅各布森发表了他们的一项实验成果。

嗯，果然……

首先，他们对100名学生进行了智力测验。

来，现在开始进行测验。

结果不出意料，这里的学生智商有高有低，各不相同。

罗森塔尔随机抽选了20%的学生，把他们的名字写了下来，交给了老师，说道：

随机抽选
……

这是孩子们的智力测验结果。

这些孩子的智商很高，将来有巨大的潜力，请多多关注。

过了1年，罗森塔尔回到了这所学校。

他对去年接受过智力测验的100名学生又进行了同样的测验。
结果会如何呢？

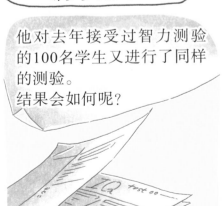

测验的结果让罗森塔尔惊讶得合不上嘴。

天啊天啊！太不可思议了！

上一次随机挑选的那些学生在这一次的智力测验中，显示智商有显著提高。在这一年的时间里，他们的成绩也优秀了不少。

听了罗森塔尔的话，老师们真的以为这些学生是顶尖聪明的孩子，

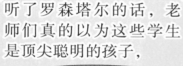

嗯，聪明的孩子就是他们几个吧？

因此一直给他们夸奖和鼓励。

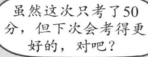

虽然这次只考了50分，但下次会考得更好的，对吧？

这次考试是不是紧张了？

孩子们也为了不辜负老师的期待，学得更认真了。

嗯？啊，好！一定会考得更好的！

是啊，老师也说我能做得更好呢！

所以，和智商无关，光凭夸奖也能让成绩变得更好。

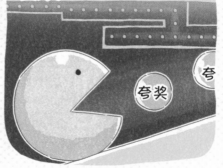

夸奖

夸

"我听说海豚也是喜欢被夸奖的动物！"

灿灿像是浮出水面的海豚，在原地跳了起来。

欣理看着他也跟着轻轻晃动起身体。

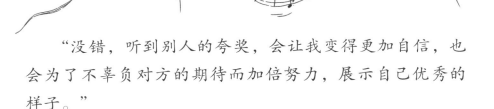

"没错，听到别人的夸奖，会让我变得更加自信，也会为了不辜负对方的期待而加倍努力，展示自己优秀的样子。"

小雪听他们两个人聊天，忍不住噘起了嘴。海豚还能跳舞？才不信呢。不过，她突然想起来运动会那件事。当时，小雪班上的同学正在相互争抢参赛的资格。丢沙包、篮球、拔河、障碍跑，这些人气项目已经确定好了人选。剩下的就是运动会的重头戏——接力赛。

接力赛的第一棒和第二棒的选手都很顺利地确定了下来，问题就出在了最后一棒。最后一棒对比赛的输赢起着至关重要的作用，大家都觉得最后一棒压力太大了，开始互相推脱起来——因为要参加别的项目，因为跑得不够快，因为前几天脚受伤了……

理由也是形形色色。就在这时，不知道是谁喊了小雪的名字。小雪听到有人在喊自己，正处于半梦半醒中的她问道：

"嗯？让我做什么？"
"接力！你跑步不是很厉害吗？"

被嘈杂的声音打扰了午休的小雪变得不耐烦起来。巨大的烦躁涌上了小雪的心头。就在她要说"算了，你们谁想参加就参加吧"的时候——

"对啊，对啊，小雪跑步真的很厉害。"
"是吧？上次在体育课上我都吓到了。"
"我也吓到了，看她平时都不怎么喜欢活动，没想到跑步会那么快。"

同学们像是事先串通好了一样，开始对小雪夸赞起来。小雪实在是不好意思当面拒绝，最终表示自己会参加的。运动会上，听到同学们喊着自己的名字，给自己加油，小雪感觉自己的双腿充满了力量。如果是在以前，这种无聊的运动会她早就逃走了。可是这回有了同学们的呐喊声，她跑得十分认真。她发挥了百分之百的实力，不对，是用了百分之二百的力量，最终帮助团队拿到了第一名。

"……好吧，我承认夸奖还是有一些效果的。"

这段记忆清晰地印在小雪的脑子里，不过她认为这只是自己的经验而已，算不上什么"真理"。

"但是，欣理，你也知道，夸奖并不是万能的。如果事情都能按着期待的方向发展，那么世界上是不是就不会发生不幸的事情了？"

听了小雪的反驳，欣理缓缓地点了点头。

"没错，你说得对。夸奖也好，期待也好，虽然都有着积极的力量，但仅靠这两点是会吃大亏的。"

"吃亏？吃什么亏？"

灿灿看着欣理严肃的表情反问道。

"有正面就会有反面，有晴天就会有阴天。夸奖也有它的优点和缺点。"

夸奖的优点和缺点是什么？

夸奖会给人带来动力，让人变得更加自信；不过也有可能会给人带来不安和压力，担心自己不能满足对方的期待。

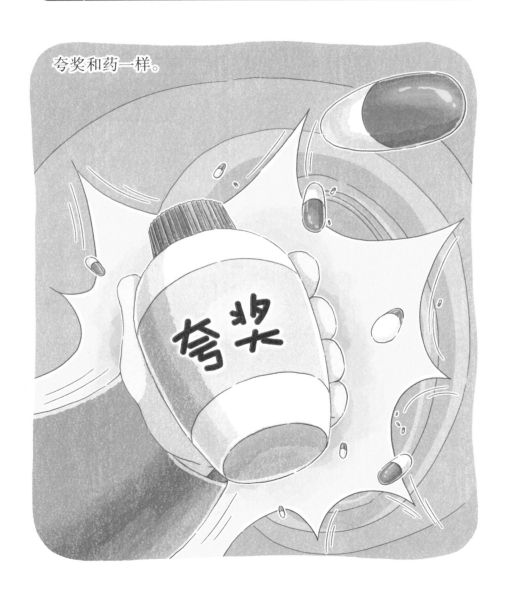

夸奖和药一样。

在身体不舒服的时候，吃下对症的药物会让我们舒服很多。

不过要是药物服用过量，或是吃错了药，反而会对身体造成损害。

夸奖也不是越多越好，过度夸奖有可能会引发巨大的副作用。

那就是"夸奖"中毒。

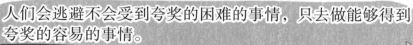

人们会逃避不会受到夸奖的困难的事情，只去做能够得到夸奖的容易的事情。

因为想要满足对方的期待，

所以要时时刻刻保持最良好的状态。

真的好聪明，天才，真是个天才！以后也要继续保持哦！

我要展现我聪明的样子……不能让妈妈失望……

所以，为了避免夸奖变成伤害我们的毒药，我们也要尝试摆脱别人强加在我们身上的夸奖。

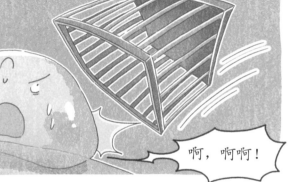

我可以变成任何样子！

啊，啊啊！

因为，若总是去迎合别人的期待，那么会变得不开心。

啊，好难受啊……

幸福的标准就掌握在了别人的手里。

方形的样子也挺适合你的。

是啊，这样好多了！

是吗？一直困在这里好像也不是不行……

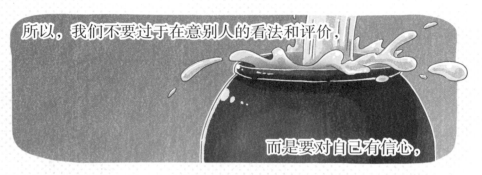

所以，我们不要过于在意别人的看法和评价，

而是要对自己有信心，

这样才能拥有稳定的幸福感。

信心

不要再因为担心自己不会被大家认可而感到不安和烦恼了。

他用那东西接水做什么？

每天就做些没用的事情。

真是个奇怪的人。

相信自己，才会奔向更远大的目标。

我能把这么大的水缸接满水，其他事情也一定可以做得很好！

"你刚刚讲的那个皮格马利翁的故事……"

"你指的是雕像变成人的那个故事吧？"

"嗯，对。你说，故事里的皮格马利翁会有什么样的感受呢？"

小雪不假思索地回答了欣理的问题。

"他应该会感到非常幸福。因为雕像变成了人，实现了他的愿望。"

灿灿也点了点头，表示赞同。因为，如果自己的圣女果能长成参天大树，那么自己也能感受到天大的幸福。光是想想就感觉到幸福了，就更别提梦想成真了。欣理听完两人的回答，又接着问道：

"那么，那个雕像会有什么样的感受呢？"

灿灿没能回答上来。小雪也陷入了思考。她又想起了自己在操场上全力奔跑的那段经历。虽然最后拿了第一名，获得了大家的喝彩，但是小雪并没有特别开心。她只是觉得自己没有让大家失望，满足了大家的期待而感到万幸罢了，意外地并没有获得成就感。想到这里，小雪开口说道：

"可能自己让别人开心了，自己也就开心了。不过……也可能会有压力吧。因为要努力满足对方的期待，所以就会害怕自己辜负了对方，让对方失望。"

　　"嗯，没错。其实雕像也没有想变成人吧。所以我们不知道雕像到底有没有像皮格马利翁那样幸福。说不定，雕像还不喜欢变成人呢。"

　　听了两人的对话，灿灿瞪大了眼睛。原来比起学习，自己更喜欢种地的理由就在这里。灿灿时常感觉自己很难承受父母的期待。做一个乖巧聪明又听话的孩子确实很好，但是有时候也会觉得自己力不从心。特别是自己唯一一次考砸的时候，被父母毫不留情地训斥了。从那以后，他更觉得自己被压得透不过气来。为了逃离那份压力，他选择在这片土地上种喜欢的植物。圣女果对他没有任何期待，也没有任何愿望。看着这样的植物，灿灿只觉得十分安心。可是，他竟然对圣女果产生了过分的期待，就像父母对他一样。想到这里，灿灿长长地叹了口气。

"这可怎么办才好……"

小雪听见了灿灿的自言自语，问道：

"什么怎么办？"

灿灿蹲在圣女果藤旁边，眼泪汪汪地回答说：

"圣女果要是因为我而长得不好可怎么办？我和它说一定不要生病，要健健康康地长大。要是这句话给它压力了可怎么办啊？"

灿灿蹲坐在地上，好像随时都想挖个地洞钻进去。原本就瘦小的肩膀变得更单薄了。欣理看到这里，走到了灿灿的身边坐了下来。然后拍了拍灿灿的肩膀。

"我不光了解人的心理，对植物的心理也颇有研究。我想告诉你的是，圣女果明白你的真心，所以你不用担心。"

听到欣理的话，灿灿微微地抬起了头。

"……真的吗？"
"那当然！你看，它还挥动着叶子，说我讲得没错呢。"

欣理指了指圣女果藤。不知从哪里吹来了一阵微风，圣女果藤轻轻地摇起了叶子。

　　灿灿又不是幼儿园的小孩，能相信你的话？小雪一脸怀疑地看着灿灿的背影。灿灿恐怕还不知道小雪的想法，马上就换了副开心的面孔。

　　"哇，真的耶，好像是在点头呢！"

　　看着天真的灿灿，小雪吐了吐舌头。也不知道他到底是不是认真的，欣理也忍不住"噗嗤"笑出了声。就在这时——

孔灿，李雪，金欣理！你们三个！

　　灿灿听到这喊声瞪大了双眼。是我听错了吗？这次听到的声音更大更清楚了。

灿灿不再怀疑自己的耳朵，转身望去。小雪和欣理也不知道发生了什么，四处张望着。灿灿快速巡视着每一扇窗户，最终把视线停留在了三楼。他的双腿瞬间没了力气，整个人瘫倒在地上。

　　"……欣，欣理，你，你，你看那楼上……"

　　小雪和欣理顺着灿灿手指的方向转过头去，看到了学校里最严厉的英语老师正皱着眉头站在窗边。

现在不是上课时间吗？
你们三个在那里做什么呢？
还不快点回教室！

三个人赶紧跑了起来。怎么就偏偏被从走廊里路过的英语老师发现了呢。灿灿跑在了最前面，小雪和欣理紧紧跟在了后面。铲子和水壶也来不及收拾了。英语老师看着他们的背影嘀咕着什么。三个人一溜烟儿地跑向了教室，不知道有没有听到英语老师说了什么——不过，没办法变成人的圣女果肯定听到了。

第六章

被自己的情绪包裹住时该怎么做

英子的故事

　　窗外下起了瓢泼大雨——欣理把雨声当成催眠曲，正打着瞌睡。睡着的欣理"砰"的一声头砸在了桌子上。欣理疼得直跺脚，不一会儿额头就鼓了个大包。欣理轻轻地揉着额头，肩膀有气无力地垂了下来。

　　"终于放假了，可是这雨……今天没人来咨询室吗？"

啊，好无聊。欣理打了个哈欠，把落在桌面上的灰都吹了起来。欣理的鼻子痒痒的，连忙打了个喷嚏。她把椅子搬到了一边，钻到桌子下面。她明明记得把笤帚放在了这里，可现在怎么不见了？她自己也记不太清了。

"怎么全都是灰啊？前几天刚打扫过，怎么这么快又……"

就在欣理自言自语的时候，有人用力打开了咨询室的门。听到动静的欣理一心只想站起来，却忘记自己正蜷缩在桌子下面，结果脑袋又被狠狠地撞了一下……欣理抱着头，顾不上其他的了。这时，英子哽咽着出现在了门口，四下张望着。

　　"……怎么，没人吗？"

　　门没锁，灯也亮着，可就是看不见欣理。是不是上厕所了？就在这时，她看到欣理从桌子下面吃力地爬了出来。

　　看到脸上挂着泪水的英子，欣理的怒火一下子就消失得无影无踪了。发现欣理认得自己，英子再也控制不住了，哭得更厉害了。不知所措的欣理顾不上自己被撞的脑袋，赶紧跑到门口，把英子带到了沙发上，给她倒了杯热茶。英子哭了好一会儿，擦了擦鼻涕，终于张开了口。

"就是吧，其实……"

　　简单来说，英子遇到了这么一件事。英子有三个要好的朋友，虽不同班，但她们从小学一年级开始就在一起玩。可这学期她们被分到了同一个班级。得知这一消息的英子开心极了，她想着以后就可以经常见到大家，和大家变得更亲近了。可是，这份兴奋并没有持续太久。人一旦变多了，大家就开始区分"关系好的人"和"关系没那么好的人"了。

　　英子是这群人的核心，不过这也很难说。虽然大家是因为英子才互相熟悉的，但是英子上的兴趣班、平时的喜好、回家的方向都和大家不一样，自然不能一直都处在团队的核心位置。不知道从什么时候开始，大家会聊起英子不了解的话题，也会在周末约着出去玩，而不叫上英子。也就是在这时候，英子开始怀疑自己是不是被她们孤立了。

　　"也就是说，你因为朋友们没带你玩，所以和她们吵架了，对吧？"
　　"对啊，她们怎么能这样对我？明明是因为我，她们的关系才变好的。"

　　英子又变得激动起来，豆大的泪珠滚了下来。欣理一边安慰英子一边将纸巾递给了她。

"冷静，冷静。你要是再哭下去，我的咨询室会被淹没的！"

"你让我如何冷静？才过了几天，我就孤苦伶仃一个人了！"

"我来解决这个问题。所以，别再哭了！"

英子听了欣理的话，马上就停止了哭泣。她顺手擦掉了脸上的泪水，用颤抖的声音问道：

"……你要怎么帮我解决啊？"

英子终于不哭了。欣理松了口气，指了指对面的墙。

"我啊，要利用那只苍蝇。"
"……苍蝇？"

英子把头转向了那面墙——上面真的趴着一只苍蝇。

嗡

"没错，只要我们像那只苍蝇一样……啊！你干嘛打我？"

英子攥紧了拳头，打在了欣理的肩膀上，欣理下意识地把身体蜷了起来。可英子没有要停下来的意思，接着又打了几下，像是还没有出完气一样。

"你是不是在嘲笑我没朋友了啊？说我像苍蝇一样惹人烦是不是？"
"不是，当然不是！"
"那到底是什么意思啊？"

英子气得满脸通红，喘着粗气看着欣理。欣理早就被挤到了沙发的角落里。她指了指自己和英子的距离。

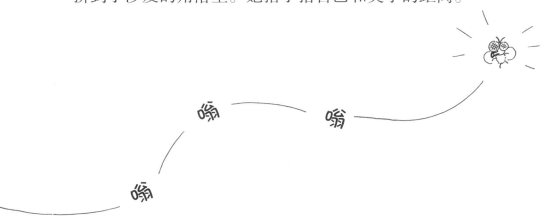

"我的意思是，试一试和大家保持社交距离。就像在远处观察我们的这只苍蝇一样。"

金欣理的心理咨询室

自我距离是什么？

是指在思考自己的经历或问题时，采取一种更客观的第三人称的视角，而不是完全沉浸在个人的情感中。就像远处的苍蝇在观察着发生的一切。这是英子目前最需要的。

保持社交距离，是指和对方保持空间上的距离。

你好！

这也是预防传染性疾病，保持健康的方法之一。

呃呃，好难受……

不过，如果我们只有身体是健康的，心理不健康，那么也能算得上是一个健康的人吗？

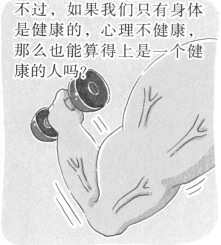

答案是否定的。我们的身体和心理都要保持健康，才能称得上是健康的人。

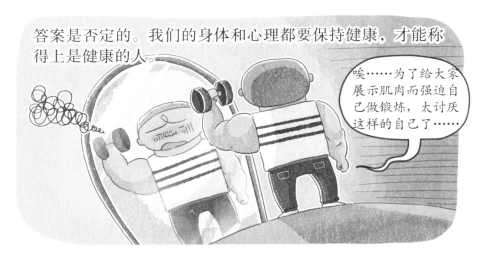

所以，和保持社交距离一样，我们的内心也需要保持距离。通过保持心和心之间的距离，来预防内心的疾病。

和别人保持内心的距离固然重要，但其实和自己的内心保持距离更加重要哦。

这样才可以像苍蝇一样，能站在稍微远一点的地方，静静地观察周遭的情况，以及正在发生的一切。

这样一来我们就能获得更加客观冷静的答案，相当于内心找到了一位靠谱的法官。

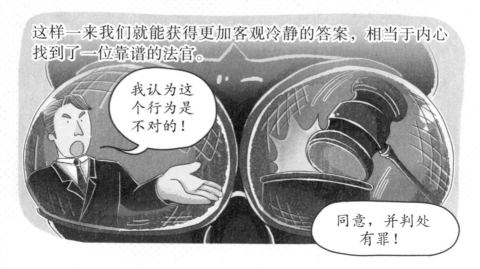

我认为这个行为是不对的！

同意，并判处有罪！

所以，当我们失败的时候，或是经历挫折的时候，从第三者的角度来看待问题，就会促进更理性和更全面的思考。在心理学中把我与内心的距离称作自我距离。

听完欣理的解释，英子开始思考着什么。保持我和我内心的距离？她没太听懂要如何和看不见的内心保持距离。不过，她确实想和苍蝇一样，从另一个视角来观察刚刚还在吵架的自己和朋友们。这样就能一眼看出谁对谁错了。就像拳击赛场上或是足球场上的裁判一样。欣理挥了挥手中的苍蝇拍——光有灰尘就算了，竟然还有苍蝇，简直太过分了！她挥舞着苍蝇拍，对英子说道。

"现在明白为什么让你像苍蝇一样了吧？"
"嗯，现在明白了。我不该误会你的，对不起。"

听到英子的道歉，欣理摆了摆手，表示没关系。可这是怎么回事？一心想要抓到苍蝇的欣理把头转向了英子。她看到英子又圆又亮的眼睛里充满的不再是眼泪，而是好奇心。

"明明有这么多昆虫，为什么非要用墙上的苍蝇作比喻呢？能待在墙上的昆虫有很多啊，像蚂蚁啦、蚊子啦，还有飞蛾。"
"这个吧……"

沙发上的欣理往旁边挪了挪，然后用苍蝇拍转动起钟表的分针。

"这要聊到很久很久以前的事情了。要从 20 世纪中叶的电影开始讲起。"

"电影？那是什么？"

欣理思考了一会儿，从沙发上跳了下来。然后走到书桌前，在抽屉里翻找着什么。在一堆灰尘里，欣理剧烈地咳嗽了起来，然后拿出了一个巨大的卷轴，摊开在茶几上。这不是电影海报吗？英子伸着脖子看了看。欣理用苍蝇拍一下拍在了海报上。

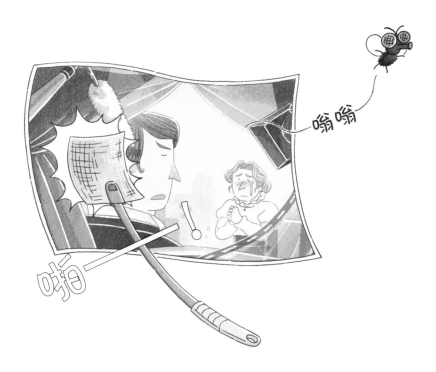

"这要从电影的起源讲起……"

金欣理 的心理咨询室

Fly on the wall 是什么?

是一种纪录片的拍摄风格。摄像机会被放置在不易让人察觉的地方,来拍摄真实的场景。就像'墙上的苍蝇'一样,用观察者的视角记录真实发生的事件。

1895年12月28日,法国的卢米埃尔兄弟在巴黎举行了世界上第一次公开的、付费的电影放映会,标志着电影作为一种新的娱乐和艺术形式的首次呈现在大众面前。

仅仅过了几十年，当初不被艺术家们看好的电影，竟然变成了当下最重要的艺术类型。

这哪里算得上是艺术！

嗨！我们要不要去看电影？

什么？去看电影？

嗯，好呀！

不过，随着电影取得了经济上的收益，随后也遇到了危机。当越来越多的人开始把电影当成"赚钱的工具"后，

听说这东西能赚钱，那我也要拍个电影，大赚一笔！

大家开始拍摄同样的剧情，出现了越来越多相似的电影。

这些电影怎么都一模一样？

他们想用最小的投资，赚取最多的收益。

导演，我们是不是可以拍新电影了？要不要去拿新剧本？

把之前拍过的电影改个名字就行了。

渐渐地，电影的内容变得越来越离谱。

可是，导演，电影的结局也要一模一样吗？

呃……把结局改一下就行了。

当然，也有不少导演开始正视这一问题。

他们提出不能再拍让观众失望的电影了。

人们开始思考要如何去观察我们现实中的生活，而不是讲述逻辑不通的故事。

他们不再设定人为的场景，也不再要求演员做出刻意的表演，而是如实捕捉并拍摄现实中的画面。

他们直接把摄像机隐藏起来进行拍摄。

就这样，fly on the wall（墙上的苍蝇）就成了观察者的代名词。

"哇，这种说法原来是出自一种电影拍摄的手法。"

英子对欣理赞不绝口。她知道欣理十分聪明，但没想到她真的是无所不知。

"那么，我们也来变成苍蝇吧！"

欣理站了起来，扇动着两只胳膊，开玩笑似的模仿起苍蝇飞行的动作。英子看到欣理的样子大笑了起来。欣理就这样"飞"到了桌子下面，翻箱倒柜了好久，把双手伸了出来。

"这不是玩偶吗？"

欣理的两只手上各套着一个玩偶。一只手套着小猫玩偶，另一只手套着兔子玩偶。兔子的眼睛又圆又亮，像极了英子的眼睛。欣理卖力地摆弄起兔子玩偶，同时也不忘在桌子下面用尖尖的声音给它们配音。

"喂！你们出去玩的时候怎么不带上我？是不是有点太过分了？"

听到这熟悉的台词，英子猛然抖了一下身子。欣理接着摆弄起另一只手来。

"这点小事有什么可生气的！谁规定了要一直和你玩啊？"

"要有规定才能和我玩，是吗？我们难道不是因为是朋友才在一起玩的吗？"

"喂，你回家的方向和我们不一样，上的兴趣班也不一样，平时的喜好也不一样。和你没有共同语言了！"

虽然这话是玩偶说的，但是仍然触碰到了英子心里的伤口。兔子玩偶明明在笑，可看起来它并不开心。生气的兔子玩偶用力推开了小猫玩偶。

"不想继续做朋友了，是吧？反正都不在一起玩了，那……我们就此绝交！我不要和你做朋友了！"

兔子玩偶马上转过身去，这场并不专业的玩偶剧表演也到此结束了。欣理把玩偶递给了英子。

"怎么样？当苍蝇的感觉如何？"

英子静静地看着手中的玩偶，没有回答。

她本来以为做错的是小猫玩偶，可是换个角度再看，发现事实并非如此。听到了兔子带有情绪的话语，小猫应该也受了伤。

"嗯……我以为我很坦率地表达了我的想法。可现在看来，好像只顾着发火了。可那个时候没有办法，我真的很想让她们知道我有多委屈、有多伤心。"

"嗯嗯，可以理解。因为朋友的行为，你肯定也是受了伤的。可是，当我们在沟通的时候，需要冷静下来。冷静地告诉对方自己为什么伤心，希望对方怎么做，那么朋友说不定就能理解你的心情了。"

英子以为发火也是一种坦率的表达方式。可就是这团"火"反而蒙蔽了自己真正的内心。英子心想，要是能成为导演，把那段场景拍下来就好了。她在心里默默喊了声"准备，开始"，仿佛看到面前出现了自己和慧慧的身影。在她的想象里，自己并没有冲慧慧发火，而是把观点井井有条地讲了出来。慧慧思考了片刻，点了点头。认同英子的朋友们都过来相互拥抱。咔！想到这里，英子猛然抬起了头。

"欣理，你是在用电影的拍摄手法'墙上的苍蝇'来帮我理解自我距离吗？"

"嗯，没错。"

听到这里，欣理欣慰地笑了起来。她再次拿起那两个玩偶，给它们各贴上一个标签：我和他。

"让我们来看看'墙上的苍蝇'，也就是自我距离的第三人称视角是如何帮我们减少负面情绪的。"

金欣理的心理咨询室

自我距离的实验是什么？

　　这个实验告诉了我们，在经历了负面事件或产生了负面情绪的时候，保持适当的距离来反省自己，可以得到治愈内心的效果。

美国的心理学家克罗斯和他的同事们进行了一项实验。他们想搞清楚自我距离如何在情绪调节中起作用。

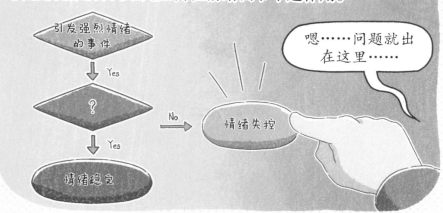

引发强烈情绪的事件

Yes

？

No → 情绪失控

Yes

情绪稳定

嗯……问题就出在这里……

还是要做实验才行。

他们召集了最近经历过负面事件的人，并分成了两组。

寻找最近经历过负面事件的人。

我们正在寻找实验对象。

一组是以第一人称"我"的视角描述曾经的经历，另一组则以第三人称"他"的视角来描述。

两组人走进房间，问了他们同样的问题。

请回忆一下当时的经历吧。

令人惊讶的是，两组人员的情绪表现截然不同。

采用第三人称视角描述的参与者在情绪调节方面表现得更好。

当时真的很伤心，很绝望……为什么这件事情偏偏会发生在我的身上……

他只能选择放弃。后来想了想，确实也可以接受。

也就是说，自我距离能使个体以更客观、更冷静的方式分析事件，进行自我反思，避免个体过度沉浸在极端情绪中。

所以，虽然他们都曾经历过让人伤心或生气的事情，但是不同的处理方式最终使他们得到了两种截然不同的结局。

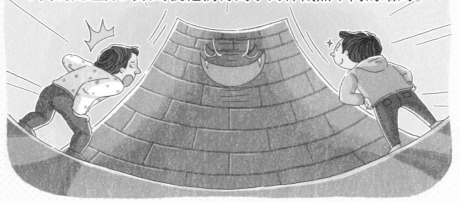

克罗斯在这一领域做出了重要贡献。

"我"和"他"经历了同一个事件，

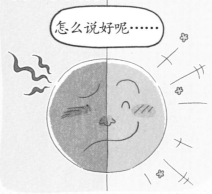

客观的"他"，犹如"墙上的苍蝇"。真实记录了事件的过程，帮助"我"理性分析，看清自己的内心。

墙上的苍蝇！

嗯，这个比喻不错！

如今，在治疗抑郁症、双相障碍和创伤后应激障碍（PTSD）等心理疾病的时候，都会用到这一效应哦。

嘿嘿，轮到我上场了！

"怎么样，现在能理解了吧？所以英子，你也不能和朋友吵架了就只知道哭，要学会从客观的角度观察情况，这样就会看到解决问题的方法。"

英子点了点头。客观的角度，到底要怎么去看呢？也不能每次都像欣理那样演一出玩偶剧吧。

"我要是想和我的内心保持距离，要怎么做才行啊？是不是要带上相机边走边拍啊？"

英子满脸疑惑地问道。既然不能给自己装上监控摄像头，那么就试试用相机记录日常吧。还是说要打扮成苍蝇才可以？欣理听了半天摇了摇头，用两条胳膊比出了巨大的"X"。

"不，不，全都错啦。"

欣理伸出食指，指向胸前——那上面贴了一张心形的贴纸。

"不是要用相机镜头，也不是要用苍蝇的眼睛，而是要用这里——心灵的眼睛。"

"心灵的眼睛？要怎么看呢？"

"就是要利用客观的自己，刚刚不是提到了'自我距离'吗？"

"所以，那个'自我'到底是什么啊？"

面对英子的问题，欣理拿出了纸和笔，在上面画着什么。

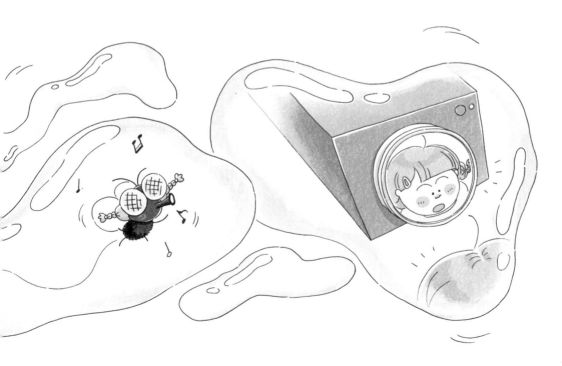

金欣理的心理咨询室

自我反思是什么？

是指人对自己的思想、感受和行为进行深入思考的过程，可以更好地认识到自己的优点和不足，并思考如何改进。它就像一面镜子，帮我们看清自己，从而促进个人成长和发展。

著名的心理学家卡尔·古斯塔夫·荣格把人的心灵地图画成了这个样子。

是啊，这是用文字标注的地图。

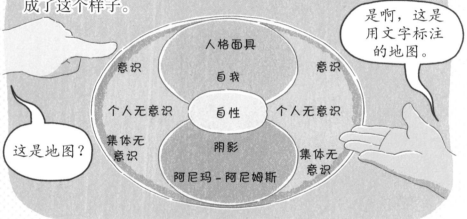

人格面具

意识　　　　自我　　　　意识

个人无意识　　自性　　　个人无意识

集体无意识　　阴影　　　集体无意识

阿尼玛-阿尼姆斯

这是地图？

根据荣格的心灵地图，人的内心结构大致分成意识中的自我、个人无意识和集体无意识。

存在于意识中的自我，也就是"我"。

我能看，能听，能感受！

处在意识与无意识之间的自性，这也是"我"。

因为自性的一部分被无意识中的阴影遮挡，所以我们不能完全了解它。

自我需要不断与无意识中的内容互动和整合，才能促进自性的完整，也就是自我实现和个体成长。

"自我反思"是实现自我和自性更完整融合的重要工具。

有没有觉得和朋友在一起的时候，自己的样子会和跟家人在一起的时候不一样？

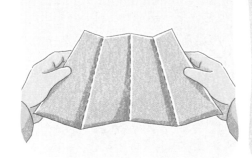

或者自己在熟人面前和在陌生人面前，会展现出不一样的状态？

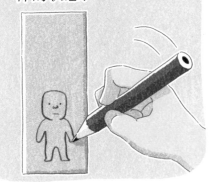

就像这样，自我具有多样性和适应性。

人们会根据不同的社会环境和情境展现出不同的行为和态度。

为了更好地了解自己的内心世界和真正的需求，

1个，2个，3个……9个！

嗯，9个自我都到齐了。啊，对了，加上我就是10个！

我们需要进行内省和自我反思，客观地观察自己在不同情境中的表现，并理解这些表现背后的动机和情感。

"简单来说，就是找到你内心里的'金欣理'。当遇到困难的事情时，它会帮助你解读内心，提出方案。和我正在做的一样。"

也就是说，我要成为我自己的心理咨询师？听了欣理的话，兴奋的英子"哇"地叫了出来。原来我也能成为像欣理一样的"问题终结者"！英子忍不住感叹这个客观的自我太厉害了。

"那么，现在就来试试吧。你坐在那边，好好想一想自己真正想要的是什么。把刚才的情况重新梳理一遍。"

欣理指了指窗边的椅子——椅子的背面写着"反思之椅"。英子面朝窗外，坐在那张椅子上，看着滚滚的乌云，开始回忆起不久前发生的事情。她开始回忆当时的自己到底想要说什么，是什么样的感受，以及自己应该怎么做。

其实，英子并不想随便发火。她希望朋友们能够安慰自己，并且理解自己。要是用这种方式跟她们表达我的想法就好了……就在火红的太阳正要藏进山谷里的时候，英子猛地站了起来。

"欣理，我终于找到了答案。"

欣理听到英子的声音。"嘶"地吸了一下口水。

"什么？"

她睡眼蒙眬地问道。

"我知道我的内心想要什么了。我要和她们再聊一聊才行。"

她急忙收拾好东西，背上了包。就在她将要走出咨询室的时候，大门被打开了。

"你们怎么……"

门外站着的正是和英子争吵的朋友们。她们好像也很意外，不知所措地你看看我，我看看你。这时，慧慧先开口了。

"我们来这里是因为有问题要问欣理。看来你已经问完了，还不走吗？"

这番尖锐的话着实伤害了英子脆弱的内心。她感觉心都碎成了一片一片的，但这时的英子已经顾不上反击，她想和大家重归于好。她小心翼翼地收拾起自己破碎的心，用冷静的声音说道：

"没有，我还没结束。我有话对你说，慧慧。"
"……嗯？你要说什么？"

英子坚定地走到了慧慧面前。慧慧意外地看着英子——她的表情看起来实在是太冷静了。

"我其实没有生你的气，我只是伤心了。我感觉你被她们抢走了。虽然不知道你会不会觉得这很幼稚。"

英子努力平复自己的情绪——不能哭，不能哭。她紧紧地攥起了拳头。

"人的兴趣都是会变的。毕竟我们平时的喜好、回家的方向、要上的兴趣班都不一样。可是我不喜欢这种被冷落的感觉。我想和你们一起笑，和你们一起生气，可是现在很难做到了，不是吗？"

听到英子的话，站在慧慧身后的其他朋友也都低下了头。她们没想到每天都开开心心的英子会有这样的感受。她们本来觉得英子有些小气，可是换个角度想一想，英子生气也不是没有道理。

"所以我好像对大家都失望了。我本应该好好解释的，可没想到对你们发了火。对不起，是我不好。不过，我也希望你们能够理解我。"

英子心平气和地说完了她想说的话。慧慧和身后的两个朋友的表情都变得复杂起来。最后，还是慧慧先打破了沉默。

"……英子，我们也不是故意要冷落你的。一开始以为你会理解，后来就变得懒得解释了。慢慢地就习惯了只有我们几个人在一起。"

英子用苦涩的表情点了点头。

"聊天的时候也不能总是停下来做解释……"

慧慧接着拼凑起理由来。英子努力地挤出了笑容——她明白慧慧说的话，可心里还是会觉得失落。

"没能够照顾到你的情绪，是我们不对。特别是看到你发火，我也有些心虚。不管怎样，对不起，让你伤心了。也很抱歉没能理解你的想法。"

站在慧慧身后的两个人也跟着说了"抱歉"。英子自己也有错，所以也回了她们"我也抱歉"。她僵硬的脸上终于露出了微笑。看着对方脸上的笑容，也就没什么不能原谅的了。

四个人站在门口，勾起了小拇指。她们约定好今后都不会再出现像今天这种事情了。她们还约定好以后都不冷落对方、生气时用沟通解决问题、有新鲜有趣的事情要发在聊天群里，等等。随后，英子向慧慧问道：

"那我们还是好朋友，对不对？"

"嗯，那当然了。以后要相互照顾，相互理解。"

欣理看到四个人抱在了一起，坚定不移地要守护彼此的友情，不禁心里暗想，果然，再亲密的关系也要用心去维护啊。

"我们要走了，欣理。"

短暂的问候过后，四个人走出了心理咨询室。就在门要被关上的时候，英子露出了脑袋，嘴角还带着开心的微笑。

"今天真的谢谢你，欣理。也谢谢你在这里给我装了一个小小的你。"

英子学着欣理的动作，轻轻地拍了拍自己的胸口，然后回到了朋友的身边。欣理看着她们慢慢走远，挥了挥手。

"路上小心，我们下学期再见！"

"嗯，假期愉快！"

　　大家消失在走廊的尽头，只剩下一片冷清。欣理伸了个懒腰，走到了一面墙前。满满一墙的合影，她把和英子的照片挂在了中间。看到这面墙不知不觉已经挂满了照片，欣理满意地笑着。

　　咨询室要停止营业一段时间了，走之前欣理仔细地打扫起来。扫地、拖地、开窗通风——雨后潮湿的微风从窗外吹了进来。梅雨季节就要到了。欣理关上了灯，锁好了门。假期过后还有哪些事情等着我呢？她已经开始期待 1 个月以后的事情了。欣理慢慢地穿过空无一人的操场。"金欣理的心理咨询室"也在寂静的黑夜里进入了梦乡。